Betriebswirtschaft für Architekten und Bauingenieure

Dietmar Goldammer

Betriebswirtschaft für Architekten und Bauingenieure

Erfolgreiche Unternehmensführung im Planungsbüro

2. Auflage

Dietmar Goldammer
Düsseldorf
Deutschland

ISBN 978-3-658-16461-4   ISBN 978-3-658-16462-1   (eBook)
DOI 10.1007/978-3-658-16462-1

Die Deutsche Nationalbibliothek verzeichnet diese Publikation in der Deutschen Nationalbibliografie;
detaillierte bibliografische Daten sind im Internet über http://dnb.d-nb.de abrufbar.

Springer Vieweg

Lektorat: Karina Danulat

Gedruckt auf säurefreiem und chlorfrei gebleichtem Papier

Springer Vieweg ist Teil von Springer Nature
Die eingetragene Gesellschaft ist Springer Fachmedien Wiesbaden GmbH
Die Anschrift der Gesellschaft ist: Abraham-Lincoln-Strasse 46, 65189 Wiesbaden, Germany

Vorwort

„Aufträge haben wir eigentlich genug, aber es bleibt nichts mehr dabei über, woran kann das liegen?" Das war die Frage des Inhabers eines Ingenieurbüros. Und die Antwort ist: Es kann daran liegen, dass zu wenig (produktive) Projektstunden geleistet werden, oder dass keine Kalkulation der Projekte stattfindet, oder dass es kein Controlling-System gibt, oder dass zu viele Kompromisse bei der Auftragsannahme gemacht werden, oder dass bestimmte Leistungen ohne es zu merken, bereits Verluste bescheren, weil keine Deckungsbeitragsrechnung erfolgt. In den meisten Fällen sind außerdem mehrere Gründe für die unbefriedigende wirtschaftliche Situation verantwortlich. Und diejenigen, die auch über zu wenige Aufträge klagen, haben Defizite beim Marketing, insbesondere bei ihrem Internet-Auftritt.

Man kann die Situation auch umgekehrt beschreiben. Warum sind Planungsbüros erfolgreich? Weil sie ein Ziel und eine Strategie zur Umsetzung dieses Ziels haben. Weil sie ihren Markt, ihre Kunden und ihre Wettbewerber kennen. Weil sie wissen, womit sie erfolgreich sein können. Weil sie eine konsequente Vor- und Nachkalkulation für ihre Projekte machen. Weil sie ein professionelles Controlling-System haben. Weil sie es verstehen, gute Mitarbeiter zu bekommen und zu binden. Weil sie gut akquirieren können. Weil sie ein Netzwerk für ihre Kontakte aufgebaut haben. Weil sie sich in die Wertschöpfungskette am Bau mit anderen Dienstleistern einbringen können. Und weil sie sich überlegt haben, was sie in 5 Jahren machen werden.

In einer umfassenden Studie bei Architektur- und Ingenieurbüros hat Prof. Hommerich festgestellt, dass insbesondere kleinere Büros wirtschaftliche Schwierigkeiten haben. Aber er hat es nicht bei dieser Kritik belassen, sondern auch aufgezeigt, wie man aus dieser Situation herauskommen kann. Und die Antwort ist: Es ist erforderlich, dass die Büros konsequenter als bisher nach betriebswirtschaftlichen Kriterien geführt werden. Dazu gehören eine rationale betriebswirtschaftliche Rechnungslegung mit Hilfe von Kennzahlen, ein branchengerechtes Controlling-System, Zeiterfassung und individuelle Stundensatzkalkulation sowie ein besseres Marketing.

Schließlich geht es darum, dass die Mitarbeiter mitmachen. Sie sind neben den Kunden das eigentliche „Kapital" der Branche und auch sie werden nur dann betriebswirtschaftlich arbeiten können, wenn man ihnen das vermittelt.

Inhaltsverzeichnis

Einleitung

1.1 Die Zielgruppe

Architekten und Ingenieure studieren an Fachhochschulen und Hochschulen. Wenn sie das Studium erfolgreich abgeschlossen haben, kennzeichnen sie den Abschluss mit einem entsprechenden Titel. Über Betriebswirtschaft erfahren sie dabei wenig oder gar nichts. Denn dieses Fachgebiet wird in Verbindung mit dem Ingenieurstudium nur selten angeboten. Deshalb bietet es sich an, ein Buch für diese Zielgruppe zu schreiben.

Natürlich gibt es bereits mehrere Vorgänger. So hat beispielsweise H. Leschke schon vor 30 Jahren ein Buch über das Rechnungswesen im Planungsbüro [1] geschrieben. 1989 hat Prof. Pfarr, der als Begründer der Kosten- und Leistungsrechnung für Ingenieur- und Architekturbüros gilt, das Buch „Was kosten Planungsleistungen?" [2] veröffentlicht. Und 1997 ist das Handbuch „Das Ingenieurbüro" [3] erschienen.

Ingenieure und Architekten sind kompetente Techniker und angesehen in der Öffentlichkeit, aber sie sind selten gute Kaufleute. Viele sind in kleineren Unternehmen oder als Selbständige tätig, die sich keinen Betriebswirt leisten können. In vielen Planungsbüros ist es üblich, dass das kaufmännische Handeln darin besteht, mit Hilfe der Ehefrau des Inhabers die Belege für den Steuerberater zu sammeln. Früher konnten sie sich noch auf ihr Bauchgefühl verlassen, um wirtschaftlich über die Runden zu kommen. Heute reicht es nicht mehr, technisch gut zu sein, die Ingenieure und Architekten müssen auch die Verantwortung für den wirtschaftlichen Erfolg ihrer Projekte übernehmen.

Dazu bedarf es eines besseren Verständnisses für die Wirtschaftlichkeit. Allerdings müssen dafür auch die Voraussetzungen in den Unternehmen geschaffen werden. Mit „Schimpfen" vom Chef, dass schon wieder mal jemand zu lange für die Bearbeitung eines Projektes gebraucht hat, ist niemandem geholfen. Die Mitarbeiter brauchen „Messlatten", mit denen sie ihre Leistung selbst kontrollieren können. Dann wird auch nicht mehr der Eindruck entstehen, sie glaubten, dass ihr Gehalt aus einer möglichst unerschöpflichen Schatulle des Inhabers stammt und nicht von den Kunden.

© Springer Fachmedien Wiesbaden GmbH 2017
D. Goldammer, *Betriebswirtschaft für Architekten und Bauingenieure*,
DOI 10.1007/978-3-658-16462-1_1

Manchen fällt es schwer, den Unterschied zwischen Produktivität und Wirtschaftlichkeit zu verstehen [4]. Dieser besteht im Wesentlichen darin, dass eine neue Maschine gegenüber der alten zwar produktiver sein kann, weil mehr Einheiten produziert werden. Es kann aber sein, dass die zusätzlichen Produkte am Markt gar nicht absetzbar sind. Solche Diskussionen kommen in letzter Zeit bei Maßnahmen zur Energieeinsparung auf, wo von vornherein das Kosten-Nutzen-Verhältnis ermittelt wird. Deshalb müssen die Planer auch die wirtschaftlichen Zusammenhänge erkennen und begründen können, die hinter ihrer Planung stehen. Und sie sollten wissen, wie ihre Branche organisiert ist. Die neuen Herausforderungen der Architekten und Ingenieure sind, der demografische Wandel, der Wertewandel, die Nachhaltigkeit, die Bewältigung des Fachkräftemangels und die rechtzeitige Organisation der Nachfolge. Viele Menschen erwarten außerdem von den Planern Visionen für unsere Städte.

1.2   Die Branche

Es gibt rund 75.000 Architektur- und Ingenieurbüros in Deutschland, nach anderen Statistiken sogar mehr als 100.000. Ihre Auftraggeber sind öffentliche Kunden, Unternehmen sowie private Bauherren und in letzter Zeit vermehrt auch Investoren sowie Bauträger. Ihr Angebot ist eine Dienstleistung, die es beim Verkauf (Vertragsabschluss) noch nicht gibt, die nur durch Umsetzung Dritter zu einem Nutzen für den Kunden führt und von Personen erbracht wird.

„Das" Planungsbüro gibt es nicht. Die Bandbreite reicht vom Ein-Mann/Frau-Büro bis zu Unternehmen mit mehr als hundert Mitarbeitern. Ihre Fachgebiete sind vielseitig, von der klassischen Architektur bis zum Facility-Management [4]. Die meisten werden in der Rechtsform der Einzelfirma oder bei mehreren Partnern als Gesellschaft bürgerlichen Rechts (GbR) geführt. Neu ist die Rechtsform der Partnerschaftsgesellschaft mit beschränkter Berufshaftpflicht, die zunehmend interessant für die Planer wird, und in vielen Fällen findet eine Erneuerung der technischen Ausrüstung statt [5]. Auch die Digitalisierung wird die Branche erfassen.

Die durchschnittliche Betriebsgröße liegt unter zehn Mitarbeitern. Das betriebswirtschaftliche Verständnis ist unterentwickelt. Architekten planen für andere, aber an ihre eigene Planung denken zu wenige. Als Freiberufler sind sie von der Gewerbesteuer befreit, aber nicht als Kapitalgesellschaft (auch nicht bei gleichem Leistungsangebot). Und sie gehören in der Regel einer Kammer an und sind Mitglied in einem der großen Verbände, wie dem Bund deutscher Architekten (BdA), dem Verband Beratender Ingenieure (VBI) oder dem Bund Deutscher Baumeister (BDB).

1.3   Die Wertschöpfungskette am Bau

Die Zeit der Einzelkämpfer ist vorbei. Zunehmend werden Planungsaufträge nicht mehr von einem Planungsbüro abgewickelt, sondern es gründen sich dauerhafte Planungspartnerschaften. Konstanz und Zuverlässigkeit sind deshalb auch für eine erfolgreiche

Zusammenarbeit mit Partnern wichtig. Immer öfter ist das der einzige Weg, um noch am Wettbewerb teilnehmen zu können, und es kommt (später) zu Fusionen und Übernahmen. Nach einer Umfrage der Architektenkammer Nordrhein-Westfalen ist ein Drittel der Architekturbüros an Kooperationen mit anderen Unternehmen interessiert.

Für die Zusammenarbeit bieten sich verschiedene Formen an, sie reichen von der projektbezogenen Kooperation bis zu neuen gemeinsamen Allianzen und Gesellschaften. Bei Aufträgen im Ausland kommt es deshalb zu Verbindungen zwischen dem deutschen und dem ausländischen Partner in Form von Joint Ventures. Voraussetzung ist eine umfassende und systematische Prüfung auf beiden Seiten. Das Partner-Relationship-Management ist deshalb inzwischen genauso wichtig geworden wie das Customer-Relationship-Management (s. Abschn. 4.17).

Es wird also immer wichtiger, dass sich die Planer als Teil einer Wertschöpfungskette verstehen, in der ohne sie nichts geht, die andererseits aber auch für sie die notwendige Existenzgrundlage ist. Bei einem solchen Verständnis haben auch Spezialisten, die nur temporär gebraucht werden, ihre Chance. Kommunikations- und Kooperationsfähigkeit werden in Zukunft wichtiger sein als das alleinige Fachwissen. Manche Planungsbüros werben bereits damit, dass sie besser als andere (Planungsbüros) mit den anderen Beteiligten am Bau zusammen arbeiten könnten. Die „Insel", auf der man sich früher als Planer gemeinsam mit dem Bauunternehmer und dem Bauherrn wohl fühlen konnte, gibt es kaum noch. Diese Situation wird aus der Abb. 1.1 [7] deutlich.

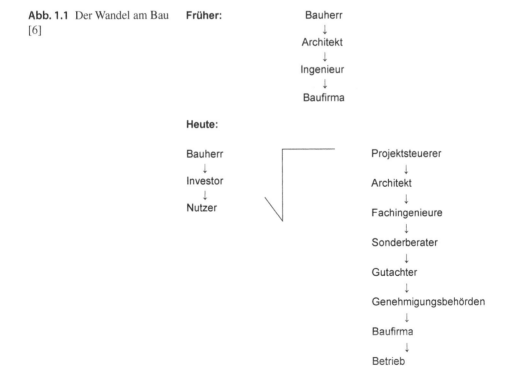

Abb. 1.1 Der Wandel am Bau [6]

Früher:

Bauherr
↓
Architekt
↓
Ingenieur
↓
Baufirma

Heute:

Bauherr   Projektsteuerer
↓   ↓
Investor   Architekt
↓   ↓
Nutzer   Fachingenieure
                                 ↓
                                 Sonderberater
                                 ↓
                                 Gutachter
                                 ↓
                                 Genehmigungsbehörden
                                 ↓
                                 Baufirma
                                 ↓
                                 Betrieb

Die Bestrebungen nach einer besseren insbesondere kostengerechten Zusammenarbeit der Beteiligten am Bau werden unterstützt durch das Building Information Modeling (BIM). Zurzeit ist dieses System noch in der Entwicklung.

1.4   Der Wandel im Planungsbüro

Natürlich erfordert die neue Situation der Wertschöpfungskette auch einen Wandel im Planungsbüro [7]. Erkannt haben das schon fast alle, aber unternommen haben die meisten (noch) nichts, weil das Tagesgeschäft vorging oder die Mitarbeiter (noch) nicht dazu zu bewegen waren. Diese Ausgangssituation ändert sich jetzt. Der Veränderungs-prozess hat begonnen. Dabei geht es weniger um die spezielle technische Weiterbildung als um die Einstimmung auf die grundsätzlichen Veränderungen, denn Veränderung und Anpassung werden auch bei den Planungsbüros in Zukunft der Normalzustand sein. Ein neuer Begriff taucht auf, Öko-Effizienz. „Öko" steht hier für Ökonomie und Ökologie, denn Ökologie kann auch ökonomisch sein (z. B. bei Sanierungsmaßnahmen). Und die Weiterbildung wird ein größeres Thema werden, weil die jüngeren Mitarbeiter sie einfordern.

In vielen Büros gibt es inzwischen Mitarbeiter mit einer Zusatzqualifikation, wie z. B. Energieberater, Sicherheits- und Gesundheitsschutz-Koordinator oder Brandschutzgut-achter, die mit dafür sorgen, dass neue Aufträge hereinkommen. Einige Büros geben sich eine neue Bezeichnung, in der dieser Wandel zum Ausdruck kommt, z. B. „Büro für bau-historische Planungsberatung", „Ingenieurbüro für Bauwerkserhaltung", „Unternehmens-beratung Umweltschutz" oder „Energie-Consulting". Einige nutzen staatliche Fördermit-tel nicht für sich selbst, sondern für die Projekte ihrer Kunden, die sie darauf aufmerksam gemacht haben. Und sie warten auch nicht mehr, bis ihnen jemand einen Auftrag erteilt, sie sorgen selbst dafür, dass ein potentieller Auftraggeber sie erkennt, z. B. beim Thema Umnutzung.

Kommunen, Länder und der Bund, ehemalige Bergwerksgesellschaften, Versicherun-gen, die Telekom, die Bahn, große Unternehmen und die Kirchen, sie alle verfügen über teilweise wertvolle, manchmal den Eigentümern kaum bekannte Immobilien, die auf eine neue Nutzung warten, z. B. in alten Hafengeländen, stillgelegten Zechen, ehemaligen Bahnhöfen oder Bahnanlagen, früheren Kasernen und Militäranlagen. Sie alle brauchen Planungsbüros!

Das Internet ermöglicht es den potentiellen Kunden, die Angebote einer größeren Zahl von Wettbewerbern schneller zu vergleichen. Das Controlling bekommt einen höheren Stellenwert. Die Werteorientierung betrifft auch die Planungsbüros. Die Personalbe-schaffung ist viel schwieriger geworden. Und in vielen Büros steht die Regelung der Nachfolge an.

1.5   Die Herausforderungen

Das Neubauvolumen geht zurück, stattdessen erhöht sich, wie gerade dargestellt, der Bedarf an neuen Nutzungen für bestehende Gebäude. Der Stellenwert von Umwelt und knappen Ressourcen steigt unvermindert an. Globalisierung und Internationalisierung treffen auch diejenigen, die gar nicht vorhaben, ihre Leistungen im Ausland anzubieten. Neue Technologien fördern das erhöhte Anspruchsdenken bei Kunden, die nur noch Komplettleistungen wollen. Neue Dienstleister mit eigenen wirtschaftlichen Interessen, insbesondere Investoren, treten als neue Kunden an die Stelle früherer Auftraggeber. Neue Kommunikationstechniken ermöglichen das Zusammenspiel verschiedener Dienstleister an verschiedenen Standorten. Das Planungsbüro der Zukunft wird ein mehrfunktionales Beratungsunternehmen, das sich auch als Projektierer und Betreiber von Anlagen betätigen kann.

Es findet ein Umdenken statt, von der investitionsorientierten zur lebenszyklusorientierten Planung. Neben Kreativität und schöpferische Gestaltung treten Funktionalität und Wirtschaftlichkeit als gleichwertige Anforderungen. Ingenieure und Architekten erkennen besser dass die eigentlichen Nutzer ihrer Leistungen immer stärkeren Einfluss ausüben können. Und der Wettbewerb der Zukunft wird auch bei den Planungsbüros weniger ein Wettbewerb zwischen einzelnen Unternehmen sein, sondern zunehmend ein Wettbewerb zwischen Allianzen.

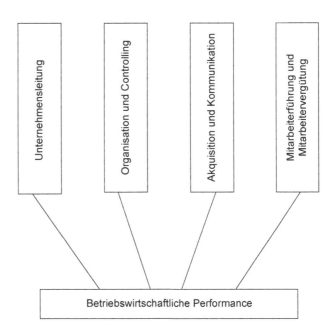

Abb. 1.2 Die vier Säulen des betriebswirtschaftlich geführten Planungsbüros

Auch die Anforderungen der Kunden verändern sich. Sie suchen keine Produkte mehr, sondern (individuelle) Problemlösungen. Architekten und Ingenieure müssen bereits bei der Planung darauf achten, dass nicht nur die Baukosten günstig gestaltet werden, sondern auch die nachfolgenden Betriebskosten mit möglichst geringer Beeinträchtigung der Umwelt. Im Zentrum steht das Projekt, an dem oft nicht nur Architekten und Ingenieure beteiligt sind, sondern auch Ökonomen, Organisatoren, Ökologen, Gutachter oder Bürgerinitiativen. Der Umgang mit den Kunden wird zum strategischen Differenzierungsmerkmal. Dafür müssen die Planer ihre Kunden besser kennen und auch möglichst deren Kunden, um die beste Problemlösung zu bieten. Besonders deutlich wird das bei den sich wandelnden Ansprüchen der Bewohner in immer teurer werdenden Städten, die alle nicht mehr auf dem Land leben wollen, sondern dort, wo sie auch das gewünschte Umfeld finden.

Ergebnis: Betriebswirtschaftlich handeln! Um all diesen Anforderungen gerecht zu werden, bedarf es betriebswirtschaftlicher Grundkenntnisse, die den Lesern in diesem Buch vorgestellt werden. Aufgeteilt wird das Ganze auf 4 Kapitel (s. Abb. 1.2), ergänzt um die Perspektiven.

Unternehmensleitung 2

2.1 Das Unternehmensziel

Wenn man die Inhaber der Planungsbüros fragt: „Was ist Ihr Unternehmensziel?", so müssen die meisten erst überlegen, was das sein könnte, und antworten dann normalerweise, dass man mehr Umsatz und mehr Gewinn machen möchte. Aber das ist doch nur eine wenig konkrete Absicht oder gar Wunschvorstellung. Vielleicht findet man eine bessere Antwort, wenn die Frage etwas anders gestellt wird, nämlich: „Was ist der Zweck des Unternehmens, bzw. wozu ist das Unternehmen da?" Jetzt merkt man schon, dass es auch noch ein paar andere Werte gibt als diese monetäre Vorstellung. Nicht erstrebenswert wäre hingegen ein Unternehmensziel, das darin besteht, das Unternehmen nicht als Beruf, sondern als Berufung zu führen.

Eine interessante Möglichkeit, sich an die Antwort heran zu tasten, besteht darin, mit der Aufgabe der Branche zu beginnen. Im Prospekt eines pharmazeutischen Unternehmens ist zu lesen: „Unsere Aufgabe ist es, Leben zu erhalten und Leben zu verlängern." Versucht man, diese Idee auf die Branche der Planungsbüros zu übertragen, so könnte es lauten: „Wir verstehen uns als Partner in einem Wirtschaftsbereich, in dem es darum geht, durch Beratung, Planung und Bauleitung zum technischen, ökologischen und wirtschaftlichen Erfolg von Bauwerken beizutragen."

Und jetzt kann man auch konkreter werden. Die beste Antwort darauf steht im Prospekt eines Planungsbüros: „Wir wollen nicht das größte, aber das in unserem räumlichen und fachlichen Umfeld beste Ingenieurbüro sein." Damit wird klarer, wo und womit das Unternehmen tätig werden möchte. Es gibt einige interessante Beispiele, wenn man in den Internet-Auftritt von anderen Planungsbüros schaut. Es ist auch nicht unanständig, zu erklären, dass man wirtschaftlich erfolgreich sein möchte, denn sonst würde man ja Insolvenz anmelden müssen, und das hilft weder den Mitarbeitern noch den Kunden und Partnern.

Viele Inhaber legen Wert darauf, dass sie unabhängig sind und dementsprechend frei von anderen Interessen beraten können. Ihr Ziel ist es deshalb auch, diesen Zustand zu

© Springer Fachmedien Wiesbaden GmbH 2017
D. Goldammer, *Betriebswirtschaft für Architekten und Bauingenieure*,
DOI 10.1007/978-3-658-16462-1_2

erhalten und nicht über ein Ziel hinaus zu wachsen, das diese Unabhängigkeit in Frage stellt. Daran anknüpfend könnte man sich als weitergehendes Ziel vornehmen, Mittler zwischen Technik und Verbraucher zu sein. Dahinter steht die Erkenntnis, dass die Auftraggeber oft nicht die eigentlichen Nutzer sind, sondern deren Mieter, deren Mitarbeiter oder die Verkehrsteilnehmer.

2.2   Die Strategie

Nach dem Ziel kommt die Strategie, mit der man das Ziel erreichen möchte. Strategie ist die Antwort auf die Frage, was ein Unternehmen wo an wen verkaufen möchte. Das ist allerdings keine Zeitpunkt-Betrachtung, sondern muss auf Dauer beobachtet werden. Denn es kann sein, dass das Angebot nicht mehr wettbewerbsfähig wird, dass der Markt sich verändert hat, oder dass die Wünsche der Kunden sich verändern. Dann muss auch die Unternehmensstrategie entsprechend angepasst werden.

Der Begriff Strategie umfasst also mehrere Teilaspekte, wie insbesondere die Stärken und Schwächen eines Unternehmens, aber auch Wünsche und das Können der Mitarbeiter, Erwartungen, Hoffnungen, und ggf. die Werte und Normen (s. Abschn. 2.7). In einer weitergehenden Betrachtung muss auch berücksichtigt werden, dass die Planungsbüros üblicherweise einen Teil ihrer Leistung nicht selbst erbringen, sondern von Freien Mitarbeitern und Subunternehmen einkaufen. Das muss nicht immer wirtschaftlich sein und birgt ein Risiko. Denn wenn diese etwas falsch machen, so fällt dies auf den Auftragnehmer zurück, weil diese Partner im Außenverhältnis zu den Kunden gar nicht auftreten. Es ist deshalb erforderlich, sich gut zu überlegen, mit welchen Freien Mitarbeitern man zusammen arbeiten möchte und ob man (auf mittlere Sicht) nicht lieber einen Mitarbeiter dafür fit machen sollte.

Entschieden werden muss auch darüber, wie breit oder wie tief sich das Unternehmen im Wettbewerb aufstellen möchte. Breit bedeutet, dass mehrere Fachgebiete, z. B. konstruktiver Ingenieurbau, Verkehrsplanung sowie Ingenieurvermessung, angeboten werden, während die Tiefe erklärt, ob z. B. auch die Bauleitung oder sogar der Betrieb von Anlagen und Gebäuden Gegenstand des Unternehmenszwecks sein sollen.

Hingegen wird es kaum machbar sein, die Markt- und Preisführerschaft anzustreben. Dafür gibt es zu viel Wettbewerber auf diesem Markt, den ich später in Abschn. 4.1 noch vorstellen werde. Eher denkbar und sinnvoll ist die Spezialisierung auf die Kernkompetenz oder auch auf bestimmte Kundengruppen, möglichst mit einem individuellen Zusatznutzen für die Kunden, wie z. B. dem Service und der Beratung nach der Beendigung eines Projektes. Hier geht es also um Maßnahmen, mit denen man sich von Mitbewerbern um Aufträge abheben kann. Das funktioniert natürlich nur, wenn die potentiellen Auftraggeber das auch wissen (s. Kap. 4).

Gerade in Zeiten des Wandels (s. Abschn. 1.4) ist es erforderlich, dass ein Unternehmen die Fähigkeit besitzt, den bisherigen Erfolg für die Zukunft in Frage zu stellen, und ggf. den Mut hat, ein neues Geschäftsfeld (s. Abschn. 6.5) aufzubauen. Manche brauchen auch

„Schubkraft" von außen. Schließlich zeichnet sich für die Branche ein Trend ab. Danach sollte ein Planungsbüro entweder klein, flexibel, schnell und anpassungsfähig sein oder aber groß und mächtig. Das bedeutet, dass mittelgroße Büros mit etwa 50 Mitarbeitern und vielen Fachgebieten ihre Strategie überprüfen sollten.

2.3 Das Leistungsspektrum

Die am meisten vorkommenden Fachgebiete in Planungsbüros sind Konstruktiver Ingenieurbau bzw. Tragwerksplanung, Architektur, Technische Gebäude-Ausrüstung, Akustik und Thermische Bauphysik, Verkehr, Wasser- und Entsorgungswirtschaft, Landschaftsarchitektur, Geotechnik und Vermessung. Diese Situation kann man jedenfalls aus den Befragungen zur Kostensituation ableiten.

Viele Büros bieten außerdem die Bau- und Objektüberwachung an, sind Generalplaner oder Projektsteuerer für andere Planungsbüros oder betätigen sich als Gutachter. Besondere Zulassungen sind an die Person gebunden, z. B. die Tätigkeit als Prüfingenieur oder Sachverständiger.

Eine besondere Bedeutung hat mittlerweile das Facility-Management erlangt. Es geht dabei um den Betrieb von Immobilien, auch von solchen, die schon länger existieren. Die Planer erhalten die Chance, dabei dauerhaft mitzuwirken, und der Verband Beratender Ingenieure (VBI) hat dafür eine eigene Fachgruppe ins Leben gerufen.

Wie schon im Kap. 1 erwähnt, erwerben immer mehr Mitarbeiter eine Zusatzqualifikation, z. B. als Energieberater, Brandschutzgutachter oder Sigeko. Besonders begehrt ist bei den Ingenieuren die Zulassung als Prüfingenieur. Diese kann bei der Beschaffung von Aufträgen sehr nützlich sein und bleibt auch beim Ausscheiden des Seniors aus seinem Planungsbüro erhalten, bis zur Vollendung des 68. Lebensjahres.

Eine Erfahrung besteht außerdem darin, dass besonders mittelgroße Planungsbüros zu viel (unterschiedliche) Fachgebiete anbieten. Sie wären gut beraten, sich lieber auf ihre Kernkompetenzen zu konzentrieren. Manche Planer finden auch eine Nische, in der sie fast allein sind. So gibt es z. B. in Süddeutschland ein Planungsbüro, das sich auf die Planung von landwirtschaftlichen Einrichtungen spezialisiert hat. In Köln gibt es ein kleines Ingenieurbüro, dessen Inhaber sich traut, gemeinsam mit seinem Bruder, dem Inhaber eines kleinen Baubetriebes, schwierige Bauten in Baulücken zu planen und zu bauen. Im Sauerland hat es ein Planungsbüro geschafft, mit seinen Ideen für Umweltschutz an einer Hochschule gehört zu werden. Im Ruhrgebiet gibt es ein Planungsbüro, das sich aufgrund seiner Kontakte vom Fachplaner zum Generalplaner entwickelt hat. Im Rheinland fliegt ein Geotechniker mit seiner Ausrüstung für seinen deutschen Auftraggeber nach Moskau. In Rheinland-Pfalz hat ein Ingenieurbüro mit der Spezialisierung auf Verkehrsplanung ein neues Parksystem an Autobahnraststätten für LKW erfunden. Und ein bekannter Architekt, nämlich Renzo Piano, wird angehört, wenn er erklärt, dass er sich bei seinen Bauwerken immer überlegt, ob er selbst in diesen von ihm geplanten Gebäuden leben oder arbeiten möchte.

Diese Beispiele machen deutlich, dass es bei näherer Betrachtung viel mehr verschiedene Betätigungsmöglichkeiten der Planungsbüros gibt, als die anfangs erwähnten Fachbereiche vermuten lassen. Und in einigen Fällen führt das erforderliche Nachdenken über die zukünftige Betätigung dazu, dass ein ganz neues Betätigungsfeld aufgebaut wird.

2.4   Einzugsbereich

Der Einzugsbereich ist das Gebiet, in dem das Planungsbüro tätig sein möchte. Bei der Unternehmensgründung ist dieses Gebiet bisweilen mit dem Zirkel gebildet worden, z. B. im Umkreis von 100 km zum Standort. Wenn der Wettbewerb in diesem Bereich zu groß wird, dann müssen die Grenzen erweitert werden. Einige Büros werden auch deshalb außerhalb tätig, weil sie Kunden haben, die mit ihnen auch an anderen Standorten zusammen arbeiten möchten. Planungsbüros, die eine spezielle Dienstleistung anbieten, z. B. für bestimmte Objekte, müssen von vornherein ein größeres Gebiet für ihre Betätigung abstecken. Aber ins Ausland wagen sich nur wenige deutsche Planungsbüros, und wenn, dann haben sie schnell gelernt, dass sie dort einen einheimischen Partner brauchen, der mit seinem Insiderwissen und seinen Beziehungen für gemeinsame Aufträge sorgen kann.

Ein besonderer Aspekt bei der Markterschließung besteht in der Frage, ob ein Planungsbüro in entfernteren Gegenden Niederlassungen gründen sollte. Zustande kommen solche Filialen in der Regel dadurch, dass dort ansässige Kunden von ihren Auftragnehmern Präsenz und Erreichbarkeit vor Ort erwarten. Eine regelrechte Welle von Filialgründungen durch westdeutsche Planungsbüros hat in den neuen Bundesländern nach der Wende stattgefunden. Nicht selten sind dabei allerdings wirtschaftliche Probleme entstanden, weil viele Büros für diese Außenbereiche keine Deckungsbeitragsrechnung (s. Abschn. 3.8) gemacht und die Verlustbringer erst relativ spät erkannt haben.

2.5   Die Ressourcen

Wenn von Ressourcen die Rede ist, dann meint man normalerweise Rohstoffe wie Gold, Silber und Erdöl, oder man meint Kapital. Aber hier ist etwas anderes gemeint, hier geht es um die „Rohstoffe" Mitarbeiterqualifikation, Kundenportfolio, Know-how, Bekanntheitsgrad, Image und Beziehungen.

Wie wichtig diese Rohstoffe sein können, kann man beobachten, wenn ein Planungsbüro an ein anderes Planungsbüro verkauft werden soll. Es kommt dabei immer öfter vor, dass ein solches Unternehmen wegen der qualifizierten Mitarbeiter, wegen der Stammkunden oder wegen des Standortes gekauft wird. Manchmal wird ein Teil des Kaufpreises sogar davon abhängig gemacht, dass die Mitarbeiter und die Kunden durch geeignete organisatorische Maßnahmen erhalten bleiben. Die materielle Unternehmensbewertung (s. Abschn. 2.14) spielt dann eine relativ geringe Rolle.

Abb. 2.1 Aufbau des Wissens-
managements im Planungsbüro

Ausgangssituation

Relevante Daten, Dokumente oder Aufzeichnungen sind nicht
auffindbar oder existieren nur in den Köpfen bestimmter Mitarbeiter. Die Suche nach der richtigen Information ist zu einem
Zeit- und Kostenproblem geworden. Frust macht sich bereits
bemerkbar.

Ziel

Systematische Erfassung des Experten- und Erfahrungswissens
über Kunden, Partner, Wettbewerber und Institutionen in einer
allen Mitarbeitern zugänglichen Dokumentenablage.

Umsetzung

- Aufzeigen des Nutzens für alle Mitarbeiter
- Bestimmung eines internen Projektverantwortlichen
- Beschaffung einer geeigneten Software (beziehungsweise
  zusätzlicher Funktionen)
- Förderung des Wissenstransfers zwischen den Mitarbeitern
- Bessere Integration von neuen Mitarbeitern
- Sicherung des Wissens von Mitarbeitern beim Ausscheiden
- Schaffung von Transparenz über die vorhandenen
  Kompetenzen
- Regelmäßige Berichterstattung über den Fortgang der
  Projektentwicklung

Leider wird die Bedeutung dieser Werte von den Inhabern oft nicht erkannt und deshalb
werden sie auch nicht gepflegt. Hinzu kommt, dass das Wissen darüber nirgendwo dokumentiert, sondern nur im Kopf des Inhabers gespeichert ist. Deshalb sind die Planungsbüros gut beraten, eine allen zugängliche Wissensdatenbank aufzubauen, bevor die Wissensträger ausscheiden (s. Abb. 2.1).

Der Bekanntheitsgrad, den sich ein Unternehmen über viele Jahre erworben hat, ist für
die meisten Nachfolger so wichtig, dass der auf den alten Inhaber lautende Name auch
dann erhalten bleibt, wenn der Senior längst ausgeschieden ist. Eng verbunden damit ist
das Image, also das Ansehen des Unternehmens bei den Kunden, den Partnern und in
seinem Umfeld. Ich komme darauf gleich noch ausführlich zurück. Und über das Netzwerk sowie die Beziehungen werde ich im Kap. 4 informieren.

2.6 Die Corporate Identity

Was ist das? Manche stören sich schon an dem etwas holprig auszusprechenden Namen.
Trotzdem hat natürlich auch jedes Planungsbüro eine Corporate Identity. Deshalb müssen
mehr die Inhalte erklärt werden, statt eine wahrscheinlich ohnehin nicht auffindbare allgemein gültige Definition zu suchen.

Unternehmenserscheinungsbild	Unternehmensgrundsätze	Unternehmensverhalten
- Standort	- Veranwortung	- Ausstrahlung
- Briefbogen	- Ethik	- Persönliches Verhalten
- Visitenkarte	- Wettbewerb	- Ökonomisches Verhalten
- Unternehmensportrait	- Perspektiven	- Ökologisches Verhalten
- Projektdokumentation	- Leitbild	- Moralisches Verhalten
- Kundeninformation		
- Internet-Auftritt		

Abb. 2.2 Die Corporate Identity [9]

Fündig wird man z. B. im PONS Großwörterbuch [8]. Corporate Identity, so heißt es dort, ist „das Erscheinungsbild eines Unternehmens in der Öffentlichkeit, in dem sich die Philosophie des Unternehmens sowie das Leistungsbild und die Arbeitsweise zeigen", und ergänzen kann man, dass dieses äußere Erscheinungsbild nicht zwangsläufig mit der tatsächlichen Unternehmenskultur übereinstimmen muss, denn verständlicherweise möchte sich auch ein Planungsbüro positiv in der Öffentlichkeit darstellen.

Aber auch mit dieser Beschreibung wird eigentlich nur ein Teil dieser Philosophie, nämlich das Unternehmensleitbild, erklärt. Praktisch geht es noch um zwei weitere Aspekte im Rahmen von Corporate Identity, nämlich Unternehmensgrundsätze und Unternehmensverhalten (s. Abb. 2.2). Insofern möchte ich eine Anleihe beim Altmeister der Corporate Identity, Roman Antonoff, nehmen [10], der diesen Begriff auch nur als Untertitel zu „Die Identität des Unternehmens" gewählt hat. Aber darum geht es. Es mag ja sein, dass ein Unternehmen mit Hilfe einer Public-Relations-Agentur ein informatives Unternehmensportrait und einen guten Internet-Auftritt hat (darauf komme ich im Kap. 4 zurück). Aber was ist mit den Unternehmensgrundsätzen und dem Unternehmensverhalten?

Dass Wirtschaftlichkeit und Ethik sich gegenseitig ausschließen, liest man heute nicht mehr, dass der Staat alle Unternehmen insbesondere gegen ausländische Wettbewerber in ihrer Existenz behüten sollte, auch nicht. Aber die Rahmenbedingungen sollten schon für alle gleich sein. Und noch etwas spielt eine wichtige Rolle, das Verhalten der Mitarbeiter gegenüber den Kunden, die daraus ihre Wertschätzung ableiten. Es geht um das Bestreben, ökologisch gewissenhaft zu planen und trotzdem für Auftraggeber und Auftragnehmer nicht unwirtschaftlich zu handeln. Denn daraus wird die Werteorientierung abgeleitet.

2.7   Die Werteorientierung

Dass die meisten Unternehmen sich zu Werten und Normen bekennen, ist eigentlich nicht neu, aber bisher war das mehr eine Pflichtübung, die irgendwo aufgeschrieben wurde.

Inzwischen haben diese Merkmale einen höheren Stellenwert in unserer Gesellschaft bekommen. Gemeint sind Umweltschutz, Ressourcenschonung und Energiesparsamkeit. Aber auch interne Werte wie der Umgang miteinander und der Teamgeist spielen dabei eine Rolle.

Tradition, Führungsstil, Sitten und Gebräuche werden angesprochen. Wie werden diese Werte von Kunden und Partnern, aber auch in der Nachbarschaft, wahrgenommen? In fast jeder Ausgabe des Deutschen IngenieurBlattes und des Deutschen Architektenblattes wird ein Planungsbüro vorgestellt, das Jubiläum hat. Die Inhaber werben damit, dass ihr Unternehmen inhabergeführt wird und keine anderen Interessen verfolgt. Das war ihnen offenbar wichtiger als eine Tätigkeit in Abhängigkeit von einer Obergesellschaft. Werden ihre Nachfolger das auch noch schaffen? Wenn überhaupt, dann in Partnerschaft mit Kollegen, die sich ebenfalls nicht unterordnen wollen.

Zwar muss normalerweise kein Planungsbüro darauf achten, dass es nicht Produkte verwendet, die z. B. durch Kinderarbeit in Afrika hergestellt wurden. Aber auch ein Planungsbüro sollte Normen und Werte definieren, die als Gebote für das Verhalten miteinander und gegenüber Dritten festgelegt werden, z. B. dass man keinen unzulässigen Preiswettbewerb oder unlautere Werbung machen wird, um Aufträge zu bekommen. Es gibt einen neuen „weichen" Erfolgsfaktor auch für die Planungsbüros und der heißt „Werteorientierung". Gerade wenn Dienstleistungen sich in Preis und Qualität kaum unterscheiden, schlägt die Stunde der Werte. Immer mehr Planungsbüros erkennen diesen Trend und bekennen sich zu ihren Unternehmensleitsätzen, die sie im Internet veröffentlichen. Und immer mehr erkennen auch, dass sie die Wertestandards ihrer Auftraggeber kennen müssen, um erfolgreich zu sein.

Ein neuer Begriff taucht in diesem Zusammenhang auf: Compliance, angeführt von den großen Unternehmen, die erkannt haben, welcher Schaden entstehen kann, wenn man Gesetze und ethische Werte nicht beachtet. Auch die Planungsbüros müssen damit rechnen, dass sie nur noch Aufträge bekommen, wenn sie die Werte ihrer Auftraggeber einhalten.

2.8 Das Unternehmensleitbild

Das Unternehmensleitbild kann man sich am besten als ein zukünftiges Ziel vom optimalen Zustand eines Unternehmens vorstellen. Es gibt dafür auch viele Beispiele von Planungsbüros, die man in deren Internet-Auftritt finden kann. Anregungen kann man auch bei anderen Unternehmen bekommen, z. B. bei Hewlett-Packard: Vom Respektieren der Persönlichkeit, vom gegenseitigen Vertrauen und Helfen, von Freiräumen für die Selbstverwirklichung ist die Rede, von Leistungsbereitschaft, von Anerkennung der Leistung und davon, Fehler machen zu dürfen! Natürlich nicht dauernd, sondern um daraus zu lernen. Solche Grundsätze bzw. Leitsätze stehen auch im Unternehmensleitbild eines Planungsbüros, ergänzt um die traditionellen Werte, um das Verhältnis zu den Mitbewerbern, um das Verständnis für die Beziehungen des Unternehmens und für das gemeinsame Ziel der Ansprechbarkeit, der Erreichbarkeit und der Termintreue.

Bei der Entwicklung des eigenen Leitbildes sollte bedacht werden, dass ein Unternehmensleitbild nur dann funktionieren kann, wenn es im Unternehmen selbst entsteht. Auch ein Berater kann hier nur Moderator sein. In einem Unternehmen mit 1000 Mitarbeitern entsteht so etwas differenzierter als in einem Planungsbüro mit zehn Mitarbeitern, aber in beiden Fällen funktioniert das nicht auf Anhieb und schon gar nicht durch Verordnung von oben.

2.9   Die Stärken und Schwächen

In Abb. 2.3 werden wesentliche Merkmale der Stärken und Schwächen dieser Branche aufgezählt. Dabei ergeben sich etwa gleich viel Stärken wie Schwächen. Daraus erkennt man, dass die Stärken mehr im technischen Leistungsbereich bestehen, während die Schwächen mehr im kaufmännischen Handeln liegen. Aber im Bereich der Kommunikation intern und mit Partnern (weniger mit den Kunden) gibt es positive Ansätze. Daneben gibt es natürlich auch viele unterschiedliche individuelle Stärken und Schwächen. Das gilt z. B. für die Perspektiven der verschiedenen Fachgebiete. Das Leistungsspektrum ist auch jetzt schon nicht durchgehend wirtschaftlich, aber viele erkennen das nicht, weil sie keine Deckungsbeitragsrechnung (s. Abschn. 3.8) für die einzelnen Fachgebiete erstellen.

Abb. 2.3 Die Stärken und Schwächen

Was können sie gut?

- Ohne Kapital auskommen
- Sich als Team darstellen
- Einen kaufmännischen „Wasserkopf" vermeiden
- Flexibel reagieren
- Technisches Know-how nachweisen
- Mitarbeiter integrieren
- Unabhängigkeit beweisen
- Tradition fortsetzen
- Kooperationen eingehen
- Umgang miteinander pflegen
- (Überwiegend) Ansprechbarkeit organisieren
- Kontakte nutzen

Was könnten sie besser machen?

- Auf das äußere Erscheinungsbild achten
- Neue Betätigungsfelder erschließen
- Sich für neue Mitarbeiter präsentieren
- Kalkulieren
- Für sich selbst planen
- Kunden pflegen
- Konkurrenz beobachten
- Marketing betreiben
- Mitarbeiter führen und entwickeln
- Wirtschaften
- An Morgen denken

Wenn die Mitarbeiter eines Büros die Gelegenheit bekommen, sich unter Anleitung eines neutralen Moderators selbst zu bewerten, dann wird dabei fast immer herauskommen, dass sie sich schwach im Marketing fühlen, während die interne Zusammenarbeit und der Teamgeist wesentlich besser bewertet werden. Schwer tun sich die Mitarbeiter aber, wenn sie aus dem Stegreif die Frage beantworten sollen, was sie besser können als andere.

Sowohl bei den Unternehmen als auch bei den Mitarbeitern gibt es Schlüsselbereiche, die mit 20 % des Einsatzes 80 % der Ergebnisse erzielen. Finden Sie heraus, welche das sind. Andererseits gibt es in vielen Unternehmen auch eine begrenzende Schwelle. Das können bestimmte Mitarbeiter durch ihr ungeschicktes Verhalten am Telefon sein, aber auch die Abhängigkeit des gesamten Büros von wenigen Auftraggebern oder von der Person des Inhabers, und manchmal geht es darum, nur ein bisschen besser zu sein als andere. Damit sind wir wieder bei der Frage: „Was können wir besser?" Eine Antwort werden Sie nur individuell finden.

2.10 Die Finanzierung

Wenn die Eigenmittel der Planungsbüros nicht ausreichen, dann finanzieren sie sich überwiegend mit Hilfe von Banken. Meistens brauchen sie die Kreditinstitute auch nur zur Überbrückung von Liquiditätsengpässen, die oft durch die schlechte Zahlungsmoral ihrer Kunden ausgelöst werden. Dann brauchen sie in der Regel auch nur eine Kreditlinie, in deren Rahmen sie Kredite kurzfristig in Anspruch nehmen können. Probleme bekommen sie dann nur, wenn sie ihr Limit überschreiten. Aber auch dann müssen sie hohe Zinsen für die Einräumung und Inanspruchnahme einer Kreditlinie zahlen, die in keinem Verhältnis zu den marktüblichen Zinsen für Kredite stehen.

Es gibt aber auch bisweilen einen größeren Kreditbedarf, der mit der eingeräumten Kreditlinie nicht finanziert werden kann, z. B. für die Gründung eines neuen Standortes, den Aufbau eines neuen Betätigungsfeldes oder besonders für Existenzgründungen und Unternehmensübernahmen. Auch dafür kommen zunächst die Banken und Sparkassen in Frage, die nach der Finanzkrise angeblich auch wieder Interesse daran haben, mit mittelständischen Kreditnehmern zusammen zu arbeiten. So hat z. B. die Commerzbank eine Kampagne zur Hinzugewinnung von kleinen und mittleren Unternehmen als Kunden gestartet. Sparkassen und Genossenschaftsbanken waren schon immer Ansprechpartner für Mittelständler, und neuerdings bemühen sich auch Regionalbanken um diese Klientel.

Fest steht aber auch, dass man an die Kredite der Banken nur herankommt, wenn man die kompletten Unterlagen dafür vorher zusammenstellt und gut verhandeln kann. Eine entsprechende Vorbereitung auf solche Gespräche ist deshalb unerlässlich. Dabei muss berücksichtigt werden, dass die meisten Banken auch so eine ganze Menge von ihren Kunden wissen und die Kreditwürdigkeit mit Hilfe ihres speziellen Rating-Verfahrens ermitteln. Kommen Sie deshalb diesem Verfahren zuvor und machen Sie Ihr eigenes

Viele Firmenchefs wissen nicht, dass ihre Bank sie geratet hat und was dabei heraus gekommen ist. Packen Sie den Stier bei den Hörnern und bitten Sie die Bank um eine Bonitätsbewertung. Aber machen Sie das nicht ohne Vorbereitung, beantworten Sie dafür insbesondere folgende 15 Fragen:

- Welche Strategie verfolgt das Büro?

- Welches Leistungsspektrum wird angeboten?

- Welche Markt- und Konkurrenzsituation beeinflusst das Geschäft?

- Welche Mitarbeiterqualifikation steht dafür zur Verfügung?

- Was sind die Chancen und die Risiken?

- Wie ist das Büro organisiert?

- Wie wird akquiriert und kommuniziert?

- Mit welchem Controlling-System wird das Büro gesteuert?

- Welche betriebswirtschaftliche Performance kann (im Vergleich mit den Branchenkennzahlen) vorgewiesen werden?

- Welche Arbeitsproduktivität wird erzielt?

- Wie wird mit Beschwerden und Mahnungen umgegangen?

- Wie haben sich Umsatz und Gewinn in den letzten drei Jahren entwickelt?

- Was passiert, wenn der Inhaber plötzlich längere Zeit ausfällt?

- Welche Vorsorge wird für die Nachfolge getroffen?

- Welche Perspektive hat das Unternehmen?

Abb. 2.4 Aktives Rating

Rating, z. B. nach der in Abb. 2.4 vorgeschlagenen Methode. Zur Vorbereitung habe ich auch einen Vorschlag (s. Abb. 2.5) und für das Gespräch selbst gibt es folgende Tipps:

- Vereinbaren Sie einen Termin mit genügend Vorlauf.
- Verhandeln Sie mit den Entscheidungsträgern.
- Treten Sie zuversichtlich auf.
- Agieren Sie selbstbewusst.
- Verkaufen Sie Ihr Konzept aktiv und überzeugend.
- Wählen Sie eine angemessene Kleidung.
- Zeigen Sie, dass Sie ein Unternehmer sind.
- Informieren Sie sich vorher über Förderprogramme.
- Überlegen Sie sich Vorschläge für die Kreditbesicherung.
- Besorgen Sie sich den Branchenreport der Bank.

Das Bewertungsverfahren für ein Planungsbüro – die professionelle Vorbereitung auf das Gespräch mit der Bank

- Wann mussten Sie das letzte Mal darüber nachdenken, ob das Geld reicht, um Ihre laufenden Verpflichtungen zu erfüllen?

- Wissen Sie, wann Ihre Kunden im Durchschnitt die Rechnung bezahlen?

- Wie viel Tage war in der letzten Zeit Ihr Kontokorrentkredit überzogen?

- Wie lange arbeiten Sie schon mit Ihrer Bank zusammen?

- Wer kümmert sich im Büro um die Liquidität?

- Kennt Ihre Bank Ihr Unternehmensziel, Ihre Strategie und Ihr Leistungsspektrum?

- Wie gut ist Ihre betriebswirtschaftliche Performance im Vergleich zur Branche?

- Worüber haben Sie Ihre Bank bisher informiert?

- Haben Sie eine Vorstellung davon wie viel Ihr Unternehmen wert ist?

- Sind Sie abhängig von wenigen Kunden?

- Was werden Sie in fünf Jahren anbieten?

- Wer tritt an Ihre Stelle wenn Sie eines Tages aufhören und haben Sie dafür vorgesorgt?

Abb. 2.5 Das Bewertungsverfahren für ein Planungsbüro

Die erforderlichen Unterlagen werden in Abb. 2.6 dargestellt. Professionell wirken Sie auf den Bankberater, wenn Sie sogar einen Masterplan (s. Abschn. 6.4) vorlegen können.

Ein bei der Finanzierung immer wieder anzutreffendes Problem ist die Haftung. Das betrifft insbesondere junge Unternehmer und Existenzgründer, weil sie (aus Sicht der Bank) über zu wenige Sicherheiten verfügen. Um daran die Finanzierung nicht scheitern zu lassen, gibt es seit einiger Zeit Bürgschaftsbanken der Bundesländer, die bis zu 50 % des Haftungsrisikos übernehmen, natürlich auch nur dann, wenn sie sich von der Schlüssigkeit des Konzeptes und den wirtschaftlichen Aussichten (zur Rückzahlung des Kredits) überzeugt haben. Als besonderer Ansprechpartner für Existenzgründungen sowie innovative Investitionen gilt die Kreditanstalt für Wiederaufbau (KfW).

Eine weitere Möglichkeit der Finanzierung bieten Private-Equity-Gesellschaften an. Dabei handelt es sich aber nicht um eine Fremdfinanzierung, sondern um eine Kapitalbeteiligung auf Zeit, denn nach ein paar Jahren ziehen sich diese Gesellschaften wieder

Abb. 2.6 Das „Paket" für das
Gespräch mit der Bank [11]

- Unternehmensdaten

- Leistungsspektrum

- Organisation

- Umsätze und Ergebnisse der letzten drei Jahre

- Gewinn- und Verlustrechnung (beziehungsweise BAW)
  des letzten Jahres

- Cash Flow des letzten Jahres

- Aktueller Auftragsbestand

- Monatliche Kontenübersicht einschließlich Kreditlinien
  und eventueller Überziehungen für die letzten zwölf Monate

- Liquiditätsplanung für die nächsten zwölf Monate

- Kennzahlen im Vergleich zum Bundesdurchschnitt

- Controlling-System

- Deckungsbeitragsrechnung für die Fachgebiete sowie
  (gegebenenfalls) Fremdleister und Filialen

- Kundenportfolio

- Kundenranking

- Marketingkonzept

- Mitarbeiterqualifikation

- Partneranalyse

- Selbstdarstellung

- Planerfolgsrechnung (für drei bis fünf Jahre)

- (gegebenenfalls) Nachfolgeplanung

zurück. Aber diese Möglichkeit passt nicht zu dem längerfristigen Denken der Inhaber von Planungsbüros. Kurzfristig kann man eine fehlende Liquidität auch dadurch finanzieren, dass man Forderungen an Einzugsgesellschaften verkauft (s. Abschn. 3.15). Diese Methode ist allerdings in der Branche noch sehr umstritten. Während es bei Ärzten und Zahnärzten gegenüber Privatpatienten seit Jahren üblich ist, dass ärztliche und zahnärztliche Verrechnungsstellen die Honorare in Rechnung stellen, haben die Ingenieure und Architekten Bedenken, dadurch ihre Kunden zu verärgern. Wenn man aber bedenkt, dass in der Branche durchschnittlich 15 % des Jahresumsatzes Außenstände sind, dann wäre schon zu wünschen, dass die diesbezüglichen Initiativen erfolgreich sind.

Nicht ganz außer Acht lassen sollte man die Finanzierungsmöglichkeit über die Beteiligung der Mitarbeiter am Kapital des Planungsbüros. Das wird sich im Zuge der Entwicklung der Branche zu Kapitalgesellschaften aber ändern, zumal die Mitarbeiterbeteiligung die beste Möglichkeit zur Bindung der Mitarbeiter an das Unternehmen darstellt. Noch fehlen allerdings die steuerlichen Förderungen (s. auch Abschn. 5.18). Schließlich gibt es auch noch die Möglichkeit, durch Leasing zu bewirken, dass eine Fremdfinanzierung mit Kapital gar nicht mehr nötig wird. Und auch dafür gibt es immer mehr Angebote nicht nur für PKW.

2.11 Das Qualitätsmanagement-System (QMS)

Das Qualitätsmanagement-System hatte in der Branche seine Blüte vor etwa zehn Jahren. Damals hatten sich insbesondere die Kammern dieser Methode angenommen. Es gab konkrete Anleitungen für die Entwicklung eines QMS und es wurden sogar Musterhandbücher vorgestellt. Das war eigentlich ziemlich erstaunlich, denn vorher gab es wenig Begeisterung, und insbesondere die Architekten hatten Vorbehalte, weil sie fürchteten, dass dann ein Controller ihre Kreativität prüfen und abhaken würde. Schließlich hat man aber doch eingesehen, dass es hier darum geht, den Prozess der Leistungserbringung im Büro zu optimieren.

Danach brach eine regelrechte Euphorie aus. Viele wollten es einführen, ernannten einen QM-Beauftragten aus den eigenen Reihen, der natürlich während dieser Zeit keine Projekte bearbeiten konnte, und dann ging es los. Denn das Ziel war die Zertifizierung. Dafür gab es sogar eine brancheneigene Zertifizierungsstelle, die ZAID. Wesentlicher Inhalt waren und sind auch noch die 20 QM-Elemente, die nacheinander abgearbeitet wurden und deren individuelle Lösung – abschreiben konnte man das nicht einfach irgendwo – anschließend alle zwei Jahre von der Zertifizierungsstelle daraufhin überprüft wurde, ob sie auch eingehalten wurden.

Das war ein wesentlicher Vorteil für die Büroorganisation, denn vorher hatten zwar viele Büros bereits gute Vorsätze, aber die Umsetzung war dann doch immer wieder auf der Strecke geblieben. Demgegenüber musste man sich jetzt sozusagen einem eigenen Zugzwang aussetzen und dadurch konnte man erreichen, dass Zuständigkeiten sowie Verantwortungen gebildet und eingehalten wurden, dass weniger Versäumnisse eintraten, dass geplante Weiterbildungsmaßnahmen auch tatsächlich stattfanden oder dass nicht mehr lange nach wichtigen Unterlagen gesucht werden musste.

Trotzdem haben viele Büros während dieses Prozesses die Geduld verloren und sich damit begnügt, einen Teilfortschritt ohne Zertifizierung erreicht zu haben. Zumal sich herumsprach, wenn sich die Mitarbeiter eines zertifizierten Büros nur noch mit dem Handbuch unterm Arm auf die Baustelle trauten. Hinzu kam, dass dieses Verfahren zunächst beachtliche Kosten verursachte. Denn bis zur vollen Zertifizierung muss auch ein Planungsbüro mit 10 Mitarbeitern einen Aufwand von eineinhalb Mannjahren einkalkulieren. Und wie viel das ist, kann man schnell ermitteln, wenn man weiß, dass die durchschnittlichen Kosten in der Branche 50 TEUR pro Mitarbeiter und Jahr betragen.

Innenwirkung

- erfordert geringeren Korrekturaufwand und weniger Nacharbeit

- regelt Prozesse (Abläufe) und legt die Verantwortlichkeiten fest

- verbessert den Informationsfluss durch klare Strukturen

- optimiert die Zusammenarbeit durch geklärte Zuständigkeiten

- vermeidet Doppelarbeit und reduziert Suchzeiten

- sichert das Know-how bei Personalwechsel

- erleichtert die Einarbeitung neuer oder umgesetzter Mitarbeiter

- verbessert die Personalstruktur durch festgelegte Auswahlkriterien
  und Schulungen

- führt zu Kosteneinsparungen

Außenwirkung

- bewirkt eine systematischere Auftragsabwicklung mit weniger Fehlern,
  frühzeitigem Erkennen von Fehlern, Schwachstellen und Unzulänglichkeiten

- führt zuverlässig zu Termintreue

- minimiert Gewährleistungsansprüche

- kann als Nachweis der Wahrnehmung der unternehmerischen Sorgfalts-
  pflicht in Haftungsfragen dienen

- schafft zufriedene Auftraggeber (Kunden)

- ermöglicht zukünftig Wettbewerbsvorteile

Quelle: Ingenieurkammer-Bau, NRW

Abb. 2.7 Der Nutzen eines Qualitätsmanagement-Systems [9]

So kam es, dass diese Initiative zunächst wieder zurückgegangen war, obwohl die Vorteile nicht bestritten wurden. Der z. B. von der Ingenieurkammer Bau in NRW dargestellte Nutzen (s. Abb. 2.7) gilt auch heute noch. Und in letzter Zeit ist das QMS auch wieder aktuell geworden, allerdings anders als früher. Denn jetzt wird es von den großen Büros, die das Zertifikat im Wettbewerb um große Aufträge benötigen, professionell zu Ende gebracht, während die kleineren dieses Instrument nutzen, um besonders unbefriedigende Zustände zu verbessern, ohne unbedingt die Zertifizierung anzustreben. Und inzwischen gibt es auch ein Zertifikat, das auf dieses Niveau zugeschnitten ist. In einer sog. QM-Fibel wird von zwei Architekten als Planer am Bau beschrieben, wie ein QMS für Planungsbüros aufgebaut werden kann.

2.12 Die Partner

Obwohl praktisch jedes Planungsbüro mit Partnern zusammenarbeitet, ist dieser Teil der Unternehmensführung stark unterentwickelt. Die meisten Inhaber werden spontan gar

Abb. 2.8 Die Partner

Interne Partner

- Freie Mitarbeiter
- Unterauftragnehmer

System-Partner

- Steuerberater
- Software-Hersteller
- Unternehmensberater
- Versicherungsmakler
- Fachanwälte

Fachpartner

- Architekten
- Fachplaner
- Projektsteuerer

Public Private Partner

nicht darauf kommen, dass auch ihr Steuerberater ein (interner) Partner ist, obwohl er für viele Büros den nicht vorhandenen Kaufmann ersetzt (s. Abb. 2.8).

Eine wichtige Gruppe als interne Partner sind die Freien Mitarbeiter und Unterauftragnehmer. Aufgrund des jährlich stattfindenden Betriebskostenvergleichs von VBI und BDB erbringen Freie Mitarbeiter und Subunternehmer durchschnittlich 20 % der Leistungen ihrer Auftraggeber und erfüllen damit eine wichtige Aufgabe bei Auftragsspitzen oder für das fehlende Know-how des betreffenden Planungsbüros. Trotzdem kümmert sich kaum jemand im Büro um diese Gruppe. Da auch insoweit keine Deckungsbeitragsrechnung gemacht wird, kann es sein, dass diese externen „Mitarbeiter" sogar Verluste produzieren, ohne dass das jemand merkt. Eine systematische Überprüfung dieser Beziehungen könnte daher wie folgt nützlich sein:

- Wofür brauchen wir diese Partner?
- Wie werden sie akquiriert?
- Wie sind sie ihrerseits organisiert?
- Welches fachliche Know-how müssen sie bieten?
- Welche Stärken und Schwächen haben sie?
- Wie flexibel sind sie?
- Welche vertraglichen Regelungen bestehen mit Ihnen?
- Wer koordiniert ihren Einsatz?
- Wie funktioniert die Kommunikation?
- Zu welchen Bedingungen arbeiten sie?
- Wie werden ihre Leistungen kalkuliert?
- Für welche unserer Auftragnehmer arbeiten sie?
- Für wen arbeiten diese Partner außerdem?

- Welchen Deckungsbeitrag erwirtschaften sie für das Unternehmen?
- Ist das Verständnis von „make or buy" noch richtig?

Danach folgen die Systempartner. Darunter versteht man solche, die hilfreich bei der laufenden Aufgabenerfüllung sind oder sein können, und zu denen gehört auch der bereits erwähnte Steuerberater. Er macht in der Regel die Lohn- und Gehaltsabrechnung, die Finanzbuchhaltung, den Jahresabschluss und die Steuererklärung. In manchen Fällen übernimmt er auch die betriebswirtschaftliche Beratung, die Nachfolgeberatung, das Forderungsmanagement und die Vorbereitung des Bankgesprächs. Außerdem ist er ggf. Mitglied des Beirates.

Die übrigen Systempartner, wie Software-Hersteller, Unternehmensberater, Versicherungsmakler und Firmenanwälte, werden nur gelegentlich bei entsprechenden Anlässen gebraucht, während die Fachpartner öfter zum Einsatz kommen. Es beginnt damit, dass Architekten und Ingenieure sich gegenseitig brauchen. Heute geht das Engagement für Kooperationen viel weiter. Es bleibt auch nicht bei Ad-hoc-Kooperationen, z. B. für ein bestimmtes Projekt wie üblicherweise ein großes Infrastrukturvorhaben. Gefragt sind immer mehr strategische Allianzen, die auf Dauer angelegt sind. Normalerweise bleibt aber auch dann die Selbständigkeit der beteiligten Partner erhalten, und manchmal gründen die Partner für eine bestimmte Zusammenarbeit eine Gemeinschaftsgesellschaft in Form eines Joint Ventures.

Eine langfristige Partnerschaft wird insbesondere von solchen Planungsbüros angestrebt, die immer wieder einen bestimmten Fachpartner benötigen. Das gilt z. B. für ein Ingenieurbüro der Wasserwirtschaft, das einen Tragwerksplaner, ein Büro für Technische Ausrüstung, einen Vermesser und einen Landschaftsplaner als dauerhafte Partner haben möchte. Im Idealfall kann daraus ein umfassendes „Paket" entstehen, aus dem je nach Bedarf Leistungsteile oder Komplettleistungen erbracht werden können. Es gibt sogar bereits Fälle, in denen eine solche Zusammenarbeit in die nächste Generation geht.

Die zunehmende Bedeutung von strategischen Allianzen, nicht nur bei den großen Unternehmen, sondern auch für kleinere Spezialisten, macht es erforderlich, dass solche Partnerschaften vorher detailliert geprüft werden. So stellen sich insbesondere folgende Fragen:

- Kann durch Kooperationen das Angebot bedürfnisgerechter gestaltet werden?
- Lassen sich durch Kooperationen Vorteile erzielen?
- Kann man sich auf gemeinsame Ziele einigen?
- Ist ein annähernd gleiches Qualitäts-Niveau sichergestellt?
- Besteht ein ähnlicher finanzieller Hintergrund?
- Können die beiden Partner miteinander und gegenüber Kunden gemeinsam auftreten?
- Besteht eine ausreichende Sympathie und Sensibilität einerseits, andererseits aber auch eine gewisse Robustheit?
- Sind die Partner offen in Bezug auf Schwächen und Fehler?
- Können verbindliche Vereinbarungen für die Zusammenarbeit abgeschlossen werden?

Wenn es schließlich auf diese Weise gelungen ist, den richtigen Partner zu finden, dann kommt es darauf an, diese Allianz auch richtig zu managen. Auch dabei muss man strategisch vorgehen. Es können Schwierigkeiten auftreten, die gemeinsam angegangen werden müssen. Zum Beispiel kann sich erst in der konkreten Zusammenarbeit herausstellen, dass ein zu hoher Abstimmungsbedarf auftritt, dass Reibungsverluste aufgrund von Kulturunterschieden entstehen, oder dass gegenläufige Interessen der Partner aufkommen. Wie wichtig es ist, diese Aufgabe erfolgreich zu lösen, kann man daran erkennen, dass dafür ein eigener Begriff geprägt wurde: Partner-Relationship-Management. Damit soll zum Ausdruck gebracht werden, dass die Partnerpflege genauso wichtig ist, wie die Kundenbetreuung als Customer-Relationship-Management (CRM), das im Abschn. 4.17 dargestellt wird.

Die Beschreibung der Partnerschaften für die Planungsbüros wäre unvollständig, würden nicht auch die Public-Private-Partnerships (von Insidern mit PPP abgekürzt) erwähnt, zumal sich diese Form der Partnerschaft inzwischen bewährt hat. Dabei ist ein öffentlicher Partner beteiligt, der die Planung und den Bau auf einen privaten Partner überträgt. Dieser wiederum beauftragt seinerseits die erforderlichen weiteren Partner wie z. B. die Planungsbüros. Die Entstehung verdankt diese Form der Partnerschaft im Wesentlichen der Kapitalnot der öffentlichen Auftraggeber, die die Finanzierung auf die späteren Betriebsjahre verteilen oder sogar an die Nutzer weitergeben können. Anfangs wurden auf diese Weise insbesondere Verkehrsprojekte wie Autobahnabschnitte geplant und gebaut. Inzwischen werden auch Krankenhäuser, Verwaltungsbauten, Kläranlagen und Gefängnisse mit PPP betrieben.

Eine bestimmte Form der (internen) Partnerschaft gibt es schließlich auch bei immer mehr Architektur- und Ingenieurbüros. Gemeint ist damit die Unternehmensleitung durch mehrere Partner. Das gilt z. B. für das Generationen-Duo im Zuge der Nachfolgeregelung. Aber auch Gründer bevorzugen nicht selten das Zweierteam. Das hat viel mit der Teilung von Chancen und Risiken zu tun. Die gemeinsame Führung kann wertvolle Impulse liefern und die unterschiedlichen Fähigkeiten (z. B. wenn der eine mehr technisch versiert, der andere mehr kaufmännisch interessiert ist) der Partner optimal nutzen. Die wichtigste Voraussetzung für das Funktionieren ist gegenseitiges Vertrauen. Und es muss eine saubere Aufteilung von Zuständigkeiten existieren.

2.13   Die Rechtsform

Wie bereits einleitend erwähnt, werden die meisten Planungsbüros als Einzelfirmen oder als Gesellschaft bürgerlichen Rechts (GbR) betrieben. Der Trend geht jedoch in Richtung Kapitalgesellschaft, und zwar als GmbH oder kleine AG. Die Kapitalgesellschaft hat aber nicht nur Vorteile. Denn die Kapitalgesellschaften sind gewerbesteuerpflichtig und sie müssen ihre Jahresabschlüsse beim Handelsregister anmelden. Wenn sich viele Büros dennoch dafür entscheiden, so müssen die Vorteile überwiegen, und das sind im Wesentlichen die Haftungsreduzierung sowie die größere Flexibilität bei mehreren Gesellschaftern.

Die kleine AG eignet sich besonders, wenn mehrere Gesellschafter ohne Geschäfts-
führerfunktion, also auch die Mitarbeiter, sich an ihrem Unternehmen beteiligen möchten,
und sie hat in Deutschland einen Imagevorteil, den man schlecht erklären kann. Wenig
Verbreitung haben die Partnerschaftsgesellschaft und die Europäische Wirtschaftliche
Interessenvereinigung (EWIV) gefunden, obwohl diese Rechtsformen eigentlich gerade
für die Selbständigen gedacht waren. Das liegt im Wesentlichen daran, dass auch das Personengesellschaften mit voller Haftung sind. Diesen Nachteil können die Planer neuerdings durch die bereits erwähnte Partnerschaftsgesellschaft mit beschränkter Berufshaftpflicht vermeiden. Die Gesellschaft bleibt trotzdem eine Personengesellschaft und wird
auch nicht gewerbesteuerpflichtig.

Relativ selten kommen in der Branche die Kommanditgesellschaft (KG) und die GmbH &
Co KG vor. Erfolgreicher war die englische Limited (Ltd), wegen der einfacheren Abwicklung und des geringeren Kapitalbedarfs als bei der GmbH. Dem hat man in Deutschland
im Jahr 2008 das Modell der Unternehmergesellschaft (UG) zur Seite gestellt. Das Stamm-
kapital beträgt zunächst zwar tatsächlich nur einen Euro pro Gesellschafter, es muss aber
pro Jahr kontinuierlich aus dem Gewinn aufgestockt werden. Und es entstehen ganz geringe
Kosten für Beglaubigung und Eintragung. Trotzdem kann man sich schlecht vorstellen, dass
Unternehmer mit einem Euro Kapital im Geschäftsleben auf große Anerkennung stoßen.

2.14   Der Unternehmenswert

Was ist ein Planungsbüro wert? Diese Frage stellt sich, wenn ein neuer Partner aufgenommen oder das Unternehmen verkauft bzw. an einen oder mehrere Nachfolger übergeben werden soll [9]. Der Unternehmenswert setzt sich aus einem materiellen und einem
immateriellen Wert zusammen. Der materielle Wert kann mit Hilfe mehrerer Methoden
ermittelt werden (s. Abb. 2.9). Bei der Umsatzmethode wird normalerweise der Mittelwert
angesetzt und bei der Ertragswertmethode spielt der Kapitalisierungszinsfuß eine große
Rolle. Im Mittel wird mit einem Faktor von 20 % (7 % Zinsen und 13 % unternehmeri-
sches Wagnis) gerechnet, nachdem (bei Personengesellschaften) vorher das kalkulatorische Inhabergehalt und ggf. kalkulatorische Eigenkapitalzinsen vom Ergebnis abgezogen
worden sind. Bei Kapitalgesellschaften ist das nicht richtig, wenn der oder die Gesellschafter als Geschäftsführer ein Gehalt beziehen, das bereits in den Kosten der Gewinn-
und Verlustrechnung enthalten war. Bei der Multiplikatormethode werden mehrere Jahre
mit unterschiedlicher Gewichtung herangezogen. Und die sog. Übergewinnmethode
berücksichtigt neben dem oft überschätzten Substanzwert (das ist der Betrag, den die vorhandenen Anlagen beim Verkauf an Dritte erzielen würden) die Verflüchtigungsdauer des
Erfolges, die mit dem Ausscheiden des alten Inhabers beginnt. Dieser Faktor ist davon
abhängig, wie schnell oder langsam der Senior ausscheidet.

Zum besseren Verständnis soll dieses Vorgehen mit folgendem Beispiel erklärt werden:
Nehmen wir an, der Umsatz eines Planungsbüros (= Einzelfirma) beträgt 1 Mio. €, dann
würde die Umsatzmethode nach dem Mittelwert zu einem Betrag von 360 TEUR führen.

1. Bewertung nach der Umsatzmethode

Mindestsatz (20 %), Mittelsatz (36 %), Höchstsatz (55 %):   ....TEUR

2. Bewertung nach der Ertragswertmethode

Nachhaltiger Ertragswert =

$$\frac{\text{Gewinn (Überschuss)}^{1)} \times 100}{p^{2)}} \quad = \quad \frac{\text{TEUR x 100:}}{20} \qquad ....\text{TEUR}$$

$^{1)}$ ./. Kalk. Inhabergehalt   = ...TEUR Überschuss ./. ....TEUR
   ./. Kalk. Eigenkapitalzinsen   bei Personengesellschaft

$^{2)}$ = Kapitalisierungszinsfuß:
        7 % (für langfristige festverzinsliche Wertpapiere)
      + 13 % Zuschlagsfaktor

3. Bewertung nach der Multiplikatormethode

Gewinn (Überschuss) ./. Kalk. Inhabergehalt

Jahr ./. 2: = ...TEUR x 1   = ...TEUR

Jahr ./. 1: = ...TEUR x 2   = ...TEUR

Jahr   1: = ...TEUR x 3   = ...TEUR

                           = ...TEUR : 6

                           = $\dfrac{\text{.......TEUR x 100:}}{20}$ ....TEUR

4. Bewertung nach der Übergewinnmethode

UW   = Substanzwert + Ertragswert x Faktor

        = ...TEUR   + ...TEUR   x 3,5$^{1)}$ ....TEUR

$^{1)}$ mittlere Verflüchtigungsdauer des Übergewinns

5. Mittelwert   TEUR : 4

                                             = ...**TEUR**

Abb. 2.9 Der Unternehmenswert [9]

Der nachhaltige Ertragswert beträgt in diesem Fall 100 TEUR (= Gewinn bzw. Überschuss nach Abzug von kalkulatorischem Inhabergehalt und kalkulatorischen Zinsen). Danach ergibt sich aufgrund der Ertragswertmethode ein Betrag von 500 TEUR (100 TEUR geteilt durch den Kapitalisierungszinsfuß von 20 %). Die Bewertung nach der Multiplikatormethode führt zu einem Betrag von 450 TEUR (= durchschnittlicher Gewinn der letzten drei Jahre gewichtet von 90 TEUR, ebenfalls geteilt durch 20 %), und die Übergewinnmethode erbringt folgenden Betrag: Substanzwert = 50 TEUR + Ertragswert = 100 TEUR × Faktor

von 3,5 = 400 TEUR. Im Mittel dieser vier Methoden ergibt sich daraus ein materiel-
ler Unternehmenswert für dieses Unternehmen von rd. 430 TEUR (360 TEUR + 500
TEUR + 450 TEUR + 400 TEUR geteilt durch 4).

Eine ergänzende Methode zur materiellen Unternehmensbewertung kann der Zeitschrift
impulse entnommen werden, in der regelmäßig die Unternehmensbewertung für Inge-
nieurdienstleistungen aufgrund des Ebit(Gewinn vor Steuern und Zinsen)-Multiplikators
und des Umsatz-Multiplikators ermittelt wird. Danach betrug der Ebit-Multiplikator im
1. Halbjahr 2016 5,3 und der Umsatz-Multiplikator 0,65, jeweils mit gleichbleibender
Tendenz. Erklärungsbedürftig ist in diesem Zusammenhang das kalkulatorische Inhabergehalt. Auch dazu veröffentlicht die Zeitschrift impulse Beträge für Architektur- und Ingenieurbüros, in Abhängigkeit von mehreren Umsatzgrößen, die vom Finanzamt gerade noch
nicht als verdeckte Gewinnausschüttung bewertet werden. Auch eine interne Bewertung
ist möglich. Danach wird auf das Gehalt des am höchsten bezahlten Mitarbeiters einschl.
Sozialabgaben ein Wagniszuschlag von z. B. 20 oder 30 % erhoben. Dieser Zuschlag
hängt davon ab, wie erfolgreich das Unternehmen ist.

Bisweilen wird in der Fachliteratur auch der Auftragsbestand mit einem Gewinnfaktor
bewertet. Aber das ist nur dann sinnvoll, wenn der Inhaber kurzfristig ausscheidet, denn
sonst wird dieser Wert Bestandteil der bereits berücksichtigten Ertragswerte zukünftiger
Jahre. Und falsch für die materielle Unternehmensbewertung eines Planungsbüros wäre
das von Steuerberatern oft angewandte Stuttgarter Modell, und zwar deshalb, weil dabei
Ertragswert und Substanzwert zu gleichen Teilen bewertet werden, was aber in dieser
Branche nicht richtig ist. Denn hier beträgt das Verhältnis von Ertragswert zu Substanzwert etwa 90 zu 10.

Der immaterielle Unternehmenswert ergibt sich aus den sog. weichen Erfolgsfaktoren eines Planungsbüros, die deshalb so heißen, weil man sie nicht messen kann wie
die materiellen. Insoweit kann ich auf das Abschn. 3.12 verweisen. Erklären möchte ich
aber bereits hier, dass diese Faktoren bei einem Verkauf des Unternehmens viel wert sein
können, z. B. wenn dieses Büro auch wegen der Stammkunden, der Mitarbeiterqualifikation oder dem Standort gekauft wird.

Viele Inhaber sind enttäuscht, wenn sie zum ersten Mal hören, was ihr Unternehmen
materiell wert ist. Das sind besonders diejenigen, die nicht daran denken, vom Ergebnis
ihrer Einzelfirma das kalkulatorische Inhabergehalt abzuziehen. Aber sonst hätten sie ja
umsonst gearbeitet. Andererseits gibt es auch immer wieder den umgekehrten Fall, wenn
ein branchenunkundiger Steuerberater oder Wirtschaftsprüfer einen angesichts der Marktsituation geradezu utopischen Unternehmenswert ermittelt, an den der Senior aber glaubt
und dann erst recht nicht sein Unternehmen verkaufen kann.

In letzter Zeit wird die materielle Methode zur Ermittlung des Unternehmenswertes
aufgrund von Zahlen aus der Vergangenheit angesichts der Unsicherheit für die Zukunft
zunehmend fragwürdiger. Man kann nicht mehr davon ausgehen, dass die Entwicklung
eines Planungsbüros in den nächsten 5 Jahren genau so weitergehen wird, wie in den
letzten 5 Jahren. Umso mehr werden die immateriellen Faktoren und das Verhandlungs-
geschick eine größere Rolle spielen.

2.15   Der Unternehmer

Nach alledem stellt sich jetzt die Frage: Was macht eigentlich der Chef? Er ist in vielen Fällen die einzige Führungsperson und das Unternehmen führt seinen Namen. Er kann sich nicht auf die Führung seiner Mitarbeiter beschränken, sondern muss auch noch selbst Projekte bearbeiten. Deshalb braucht er Mitarbeiter, die in der Lage sind, ihre Projekte eigenverantwortlich zu bearbeiten, und er muss delegieren können.

Eine autoritäre oder gar patriarchalische Führung gibt es kaum noch. Der heutige Führungsstil ist eher kooperativ oder delegativ. Den älteren Inhabern fällt es oft noch schwer, die Macht mit jüngeren Partnern zu teilen. Aber diese Situation ändert sich im Zuge des Generationswechsels, so dass auch in der Führung Teamwork entsteht. Die (jüngeren) Nachfolger wollen von vornherein Chancen und Risiken mit Partnern teilen. Daraus folgt auch ein anderer Stil für die Zusammenarbeit. Nicht abnehmen können die Mitarbeiter dem Chef folgende Anforderungen und Aufgaben. Er muss

- die entscheidenden Stellschrauben in seinem Büro kennen, klar sagen, wo und wie sich Kosten reduzieren lassen,
- darüber informieren, mit welchen Leistungen Überschüsse erzielt werden können,
- ein Gespür dafür entwickeln, um welche Aufträge sich das Büro (besonders) bemühen sollte,
- vorschlagen, wie sich das Unternehmen in die Wertschöpfungskette mit seinen Leistungen einbringen kann,
- die Fähigkeit zur Selbstdarstellung besitzen,
- wissen, welchen Deckungsbeitrag die Mitarbeiter erwirtschaften müssen,
- dafür sorgen, dass die Mitarbeiter eine faire Vergütung bekommen und die Kriterien dafür kennen,
- Ziele mit den Mitarbeitern vereinbaren und ihnen sagen, wie gut sie arbeiten.

Schließlich sollte an dieser Stelle nicht unerwähnt bleiben, dass auch die Mitarbeiter sich auf diese neue Situation einstellen müssen. Vielfach kann man beobachten, dass nicht alle mit Ihrer Freiheit und Selbstentscheidung umgehen können. Das gilt besonders für die Akquisition. Sie glauben, dass dafür ausschließlich der Chef zuständig ist und übersehen, welchen Schaden man für das ganze Büro mit einer ungeschickten Verhaltensweise am Telefon anrichten kann. Im Kap. 4 soll darauf noch näher eingegangen werden.

Ergebnis: Die Rahmenbedingungen zur Unternehmensleitung Früher brauchten die Unternehmer ihr Bauchgefühl, ihre Intuition und ihr Beziehungsnetzwerk, um ihre Unternehmen zu führen. Und sie waren erfolgreich damit, haben aus dem Stand heraus Unternehmen mit manchmal mehr als 100 Mitarbeitern aufgebaut. Für ihre Nachfolger gelten andere Rahmenbedingungen.

Sie haben ein Ziel, müssen entscheiden mit welcher Strategie sie was, wo und an wen leisten wollen, welche Ressourcen sie dafür benötigen, welche Werte sie dabei beachten möchten, welche Stärken und Schwächen sie haben, welche Finanzierungsmittel erforderlich sind, ob sie ein QMS sowie Partner brauchen, und in welcher Rechtsform ihr Unternehmen geführt werden soll. Und das Ganze obliegt ihrer freien Entscheidung. Es gibt keinen Konzern und keine Oberbehörde, die ihnen das vorschreiben könnte.

Sie waren und bleiben inhabergeführte Unternehmen. Damit können sie auch in Zukunft werben und ihre neutrale Beratungsfunktion dokumentieren. In Zeiten von Fusionen, Aufkäufen und feindlichen Übernahmen kommt so etwas gut an.

Organisation und Controlling

3

3.1   Interne Organisation

Wahrscheinlich kennen Sie den Ausdruck, jemand sei gut organisiert. Gemeint ist damit, dass der oder die Betreffende immer pünktlich ist, immer das richtige Outfit hat, keinen wichtigen Termin versäumt, rechtzeitig für sein Alter vorsorgt, bei dem es zu Hause nie unordentlich aussieht, und der auch dann noch einen kleinen Schirm dabei hat, wenn alle anderen daran nicht gedacht haben.

Für ein Unternehmen bedeutet das, dass es gut erreichbar ist und immer ansprechbar, dass spätestens beim dritten Läuten das Telefon abgehoben wird, dass man schnell an den zuständigen Experten vermittelt wird, dass zugesagte Rückrufe auch eingehalten werden, und dass es schnell im Internet gefunden wird.

Nicht immer funktioniert das so reibungslos. Zum Beispiel gibt es bisweilen Lagermentalitäten zwischen Bauleitern und Planern, und manchmal fühlen sich die Technischen Zeichnerinnen von ihren Kollegen nicht akzeptiert. Aber durchweg herrschen ein kollegiales Verhältnis und ein praktizierter Teamgeist. Manchmal geht das auch ein bisschen zu weit, denn wenn man sich morgens als erstes beim Frühstück trifft und über die letzten Fußballergebnisse diskutiert, dann fördert das zwar den Teamgeist, schmälert aber die Projektstunden.

In vielen Büros gibt es keine interne Organisation, weil der Chef meint, die Zusammenarbeit müsse auch ohne Regulierungen funktionieren. Diese Laisser-faire-Haltung erscheint auf den ersten Blick mitarbeiterorientiert, aber das stimmt nicht. Auch in einem kleinen Unternehmen muss es Rahmenbedingungen geben, an die sich alle halten. Es muss klar sein, wer für was zuständig und damit verantwortlich ist. Die Mitarbeiter müssen „Messlatten" für ihre Arbeit haben, mit deren Hilfe sie sich selbst kontrollieren können. Die Kunden wünschen sich einen kompetenten Ansprechpartner für ihr Projekt, das kann gar nicht immer der Chef sein, und der Chef muss seine Mannschaft regelmäßig über die Entwicklung des gemeinsamen Unternehmens informieren, denn die Mitarbeiter möchten

© Springer Fachmedien Wiesbaden GmbH 2017   29
D. Goldammer, *Betriebswirtschaft für Architekten und Bauingenieure*,
DOI 10.1007/978-3-658-16462-1_3

wissen, wofür sie sich engagieren. Ein Organigramm braucht ein kleineres Planungsbüro hingegen nicht. Das ist erst sinnvoll und auch üblich bei mehreren Fachgebieten, wo *die Fachgebietsleiter* eine Fach-Führungsaufgabe wahrnehmen.

In kleineren Büros sind die Inhaber meistens diejenigen, um die sich im Unternehmen alles dreht. Trotzdem haben nur die wenigsten für den Notfall vorgesorgt. Denn fällt dieser Unternehmer von heute auf morgen aus, kann das für das Unternehmen dramatische Folgen haben. Deshalb muss für diesen Fall Vorsorge getroffen werden bezüglich Vollmachten, Vertretungsplan, wichtigen Adressen, Passwörtern, Verträgen und Vereinbarungen sowie dem Schlüsselverzeichnis. Helfen kann bei dieser internen Organisation eine Software für das Büro-Management. Abgedeckt werden damit die Adressverwaltung, Mitarbeiterdaten, das Kontaktmanagement, die Auftragsverwaltung, die Abwicklung des Schriftverkehrs sowie wichtige Termine.

Nicht nur die Technik ändert sich, sondern auch die Menschen, die damit umgehen. So gibt es die klassische Sekretariatsarbeit mit Telefondienst, Postbearbeitung und Schreibarbeiten kaum noch. Stattdessen kümmern sich die Kaufleute heute auch um das Forderungsmanagement, die Koordination der Terminplanung, die Dokumentation und die Organisation von Veranstaltungen.

Eine besonders wichtige und in vielen Büros anstehende Aufgabe ist die Organisation der Nachfolge. Dabei geht es nicht nur um die materielle Unternehmensbewertung, sondern auch um die immateriellen Erfolgsfaktoren, um die rechtzeitige Vorbereitung und um die Psychologie der Nachfolge.

3.2   Der Projektleiter

Was macht ein Projektleiter? Das ist eine besondere Funktion, die es so nicht überall in der Wirtschaft gibt. Der entscheidende Unterschied besteht darin, dass ein Projektleiter kein Abteilungsleiter im hierarchischen Sinne ist. Denn sonst gäbe es ja auch in kleineren Büros mehrere Abteilungsleiter mit mehrmals unterstellten Mitarbeitern. Aber der Projektleiter muss nicht nur Fachmann für sein Projekt sein, sondern auch die Fähigkeit zum Kosten- und Terminmanagement, zur Vertragsgestaltung, zur Kommunikation und manchmal zum Nachforderungsmanagement besitzen.

Es kann außerdem immer nur einer die Verantwortung für ein Projekt haben, denn sonst kann es Streit darüber geben, wer was zu verantworten hat, und dieser eine kann natürlich nichts dafür, wenn sein Chef Zugeständnisse an den Auftraggeber macht, und das Projekt deshalb nicht wie kalkuliert abläuft. Eine zusätzliche organisatorische Aufgabe bekommt der Projektleiter dann, wenn er nicht nur Kollegen für sein Projekt koordinieren muss, sondern auch Mitarbeiter von Partnern. Unterstützt wird der Projektleiter durch eine branchengerechte Software insbesondere für die Überwachung der Projektstände (s. Abschn. 3.4). Es muss zuvor eine Prüfung der Wirtschaftlichkeit stattfinden, während danach die entsprechende Dokumentation sicherzustellen ist.

In diesem Zusammenhang taucht schließlich der Begriff des Projektsteuerers auf. Darunter wird in der Branche aber kein interner Mitarbeiter verstanden, sondern ein selbständiges Fachgebiet, durch das mehrere andere Fachgebiete bei einem Projekt koordiniert werden. Dafür gibt es auch eine spezielle Organisation in Form des Verbandes der Projektsteuerer (bzw. Projektmanager). Aber auch bei dem internen Projektleiter handelt es sich um eine komplexe organisatorische Aufgabe, die wie folgt zusammengefasst werden soll:
Der Leiter eines Projektes für den Auftraggeber eines Planungsbüros

- ist nicht der Chef der übrigen Projektmitglieder,
- ist trotzdem verantwortlich für den Projekterfolg,
- hat eine zeitlich begrenzte Aufgabe,
- muss aufpassen, dass sein Projekt nicht aus dem Ruder läuft,
- soll rechtzeitig erkennen, wenn Einflüsse von außen eine Anpassung erfordern,
- kann beurteilen, welche Fachkollegen er benötigt und mit ihnen Vereinbarungen treffen,
- versteht die Notwendigkeit zur Vor- und Nachkalkulation,
- ist kompetenter Ansprechpartner für den Auftraggeber,
- akzeptiert, dass er gleichzeitig bei anderen Projekten aufgrund seiner Fachkenntnisse „einfaches" Projektmitglied ist.

3.3   Das Controlling-System

Das am wenigsten geliebte und deshalb auch am wenigsten praktizierte kaufmännische Thema in den Planungsbüros ist das Controlling. Vielleicht liegt das ja auch teilweise an einem Missverständnis. Denn Controlling ist nicht gleichbedeutend mit dem deutschen Wort Kontrolle. Controlling ist Planung, Steuerung sowie Kontrolle, und Kontrolle heißt nicht „Schimpfen", sondern Soll/Ist-Vergleich, am besten durch die Mitarbeiter selbst.

Controlling hat nichts mit Überwachung zu tun. Controlling vermittelt das Gespür dafür, eine Sache nur so gut wie notwendig zu machen, aber nicht so gut wie möglich. Controlling fördert das Verständnis der Mitarbeiter für den Umgang mit Kosten und Erlösen. Controlling wird zum Frühwarnsystem für die Planungsbüros (s. Abschn. 3.13). Controlling braucht auch in kleineren Büros eine Standard-Software (s. Abschn. 3.4). Controlling erleichtert den Nachweis für Mehrleistungen und erspart Zeit für andere Aufgaben. Controlling wird zum Marketing-Instrument, denn wer mit den eigenen Kosten professionell umgehen kann, dem wird zugetraut, dass er das auch mit den Kosten seiner Kunden kann. Das wichtigste Anliegen des Controllings besteht darin, aus der ausschließlich vergangenheitsbezogenen Kostenrechnung ein Steuerungsinstrument für die Zukunft zu machen. Deshalb kann der Steuerberater auch nicht der Controller sein. Es geht also darum, vorausschauend zu planen, nicht erst zu handeln, wenn es zu spät ist.

Leider sind viele Planungsbüros noch weit von einem Controlling in diesem Sinne entfernt. Es gibt Ehefrauen von Inhabern, die ihr Rechnungswesen zu einer Geheimwissenschaft machen. Manche Inhaber haben mit Hilfe von Tabellen ein eigenes Controlling-System entwickelt, auf das sie richtig stolz sind, und die Mitarbeiter haben kein Verständnis dafür, dass sie mehr als das Doppelte ihres eigenen Einkommens erwirtschaften müssen, um das Unternehmen am Leben zu erhalten. Ein professionelles Controlling-System hingegen vermeidet auch (durch den Soll/Ist-Vergleich), dass Arbeiten durchgeführt werden, die gar nicht nötig sind, und es ist schließlich die Grundlage für eine korrekte sowie prüffähige Abrechnung der Leistungen mit den Kunden.

Controlling beginnt mit der Planung, mit Sollvorgaben, z. B. mit den geplanten Bearbeitungsstunden für ein Projekt oder mit dem durchschnittlich geplanten Projektstundenanteil aller Mitarbeiter. Das wird noch näher ausgeführt (s. Abschn. 3.7). Geplant werden muss alles, was später gesteuert und schließlich zur Messung des Erfolges herangezogen werden soll. Dabei geht es insbesondere um die Kennzahlen Umsatz pro Mitarbeiter, Gemeinkostenfaktor, Bürostundensatz, Fremdleistungsanteil sowie den Unternehmenserfolg in Form der Umsatzrendite, die nachfolgend noch im Einzelnen beschrieben werden.

Im Mittelpunkt des Controllings steht die Steuerung, denn die kann man nicht mit Hilfe der Unterlagen des Steuerberaters durchführen. Die Gewinn- und Verlustrechnung bzw. die Einnahmen/Überschuss-Rechnung liegt erst im April oder Mai des Folgejahres vor, und auch die Betriebswirtschaftliche Auswertung (BWA) mit den kumulierten Dezemberzahlen sieht der Inhaber frühestens im Februar, und dann ist es zu spät, um daran noch etwas ändern zu können. Steuern kann man eine Entwicklung nur während des Prozesses der Leistungserbringung. Das gilt übrigens nicht nur für positive Projekte, sondern auch für nicht kostendeckende, die aus übergeordneten Gründen hereingenommen werden, und wobei von vornherein eine Kostendeckung von lediglich z. B. 80 % eingeplant wird. Warum soll der Projektleiter, der dieses Ergebnis zu verantworten hat und der aus den 80 Prozent 90 macht, schlechter sein als ein Kollege, der aus geplanten 100 für sein Projekt 110 % erwirtschaftet? Schlecht wäre nur, wenn ein ursprünglich positiv geplantes Projekt im Laufe der Arbeiten negativ wird. Aber gerade das soll ja durch das Controlling-System zumindest rechtzeitig erkannt werden, damit durch gemeinsame Anstrengungen noch eine Korrektur erreicht werden kann, und mit Hilfe einer branchengerechten Controlling-Software, die gleich im Anschluss beschrieben wird, kommt man auf diese Weise auch zum Unternehmenscontrolling.

Das Unternehmenscontrolling ermöglicht es den Inhabern, die wirtschaftliche Entwicklung mit Hilfe von kurzfristigen Gewinn- und Verlustrechnungen, Kosten-Nutzen-Betrachtungen, projektübergreifenden Auswertungen und den Mitarbeiterdaten sowie einer diesbezüglichen Management-Software auch bereits während des Jahres zu erkennen und ggf. gegenzusteuern. Manche gehen bereits einen Schritt weiter und erstellen daraus ein spezielles Frühwarnsystem (s. Abschn. 3.13), das ihnen bei entsprechender Aktualisierung jederzeit die erforderlichen Maßnahmen ermöglicht.

Es gibt auch bereits Ansätze für ein qualitatives Controlling [12], ein Controlling ohne Zahlen. Dabei wird die Entwicklung der weichen Faktoren (s. Abschn. 3.12) beobachtet, und zwar mit Hilfe von Befragungen oder Signalen z. B. bezüglich der Auftragserteilung oder Empfehlungen von „alten" Kunden für neue Kunden oder auch bestimmten konjunkturellen Entwicklungen (s. Abschn. 6.1). Hilfreich können dabei auch Fragen sein,

z. B. bezüglich der Kundenbedürfnisse, des Alleinstellungsmerkmals (s. USP), der Wettbewerbssituation oder der Attraktivität des Leistungsspektrums, die man einmal pro Jahr stellen und beantworten sollte.

Aber ohne Controlling, ohne Kennzahlen, ohne immaterielle Indikatoren kann man während des Jahres weder erkennen, ob das Unternehmen noch wirtschaftlich arbeitet, noch am Betriebskostenvergleich mit der Branche teilnehmen. Es ist sicher richtig, dass die Mitarbeiter und Mitarbeiterinnen am Anfang eines solchen Systems wegen der damit verbundenen Änderung (beliebter) Verhaltensweisen nicht gerade glücklich sind. Aber nach einiger Zeit haben auch sie sich daran gewöhnt und erkannt, dass damit auch für sie ein großer Fortschritt verbunden ist, den man insbesondere darin sehen kann, dass dieses System ein Self-Controlling erlaubt und auf persönliche Zurechtweisungen verzichten kann. Schließlich kann der Inhaber im Deutschen IngenieurBlatt darüber berichten, welche Vorteile die Einführung des Controlling-Systems für die Führung und die Wirtschaftlichkeit des Unternehmens gebracht hat.

3.4   Die Controlling-Software

Die Einführung eines solchen Systems setzt allerdings voraus, dass auch eine entsprechende Controlling-Software [11] zum Einsatz gelangt, und zwar auch in einem kleineren Büro. Die Keimzelle für die Einführung einer Controlling-Software ist in den meisten Fällen das Projektcontrolling, weil davon der wirtschaftliche Erfolg eines Planungsbüros am meisten abhängt.

Der Projektleiter muss jederzeit wissen, wie sich die geleistete Arbeit zum jeweils erreichten Projektstand verhält, und er muss rechtzeitig merken, wenn ein Projekt aus dem Ruder zu laufen droht.

Mit der Erfassung der dafür benötigten Projektstunden erfolgt gleichzeitig der monatliche Stundennachweis dieser Stunden auf den Monatskonten der Mitarbeiter. Damit erschöpft sich die Anwendung einer Controlling-Software aber noch nicht. Ein weiterer wichtiger Grund ist die Ressourcenplanung. Denn wenn z. B. eine Technische Zeichnerin oder ein Ingenieur bereits für bestimmte Projekte voll eingeplant sind, dann können sie nicht gleichzeitig für andere Projekte tätig werden. Durch ein solches System ist das aber lange vorher bekannt, genauso wie an anderer Stelle rechtzeitig über freie Kapazitäten informiert wird und ansonsten erforderliche Einsätze von Freien Mitarbeitern oder Subauftragnehmern vermieden werden können.

Ein weiterer Vorteil der Controlling-Software ist in der professionellen Erfassung des Mehraufwands für besondere Leistungen sowie Änderungswünsche der Auftraggeber zu sehen, wodurch die Chancen für Verhandlungen zum Ausgleich solcher Kosten steigen. Es wird außerdem eine rechtzeitige Auswertung für die Rechnungsstellung sowie das Forderungsmanagement (s. Abschn. 3.15) ermöglicht und durch die Auswertung der Zahlungseingänge in der Zukunft (aufgrund des Auftragsbestandes) wird auch die Liquiditätsplanung erleichtert.

Die meisten Software-Hersteller bieten außerdem ein besonderes Modul für das Büromanagement an. Dadurch verbessern sich Adressverwaltung, Abwicklung des Schriftverkehrs, sowie die Archivierung. Schließlich werden auf diese Weise Zahlen und Fakten für das Mitarbeitergespräch mit Zielvereinbarungen (s. Abschn. 5.16) bereitgestellt und es erfolgt eine Erfolgsauswertung mit einheitlich definierten Kennzahlen, die später auch für das Benchmarking (s. Abschn. 3.14) herangezogen werden können. Außerdem gewährleistet eine solche Software, dass keine Nebenkosten vergessen werden. Es geht zwar in diesem Buch um Betriebswirtschaft und damit auch um betriebswirtschaftliche Controlling-Software. Aber es sollte nicht ganz außer Acht gelassen werden, dass auch der Einsatz einer technischen Software Einfluss auf die Wirtschaftlichkeit der Planungsbüros hat. Auch solche Lösungen werden für die Branche angeboten.

Ein gewisses Manko kann man bei der Anwendung der Programme insoweit erkennen, als nicht alle Mitarbeiter damit professionell umgehen können. Deshalb sind die Software-Hersteller aufgerufen, in Zukunft für eine bessere Anwenderschulung zu sorgen. In manchen Fällen wäre es wohl auch sinnvoll, die neue Software schrittweise einzuführen und nicht en bloc.

3.5 Die Zeiterfassung

Auch in anderen Branchen gilt der Grundsatz, dass eine noch so gute Software nichts nutzt, wenn die erforderlichen Eingabedaten nicht zur Verfügung stehen. Das ist leider öfter der Fall bei den Planungsbüros. Deshalb müssen Sie zuvor dafür sorgen, dass eine einheitlich definierte Zeiterfassung stattfindet. Und auch auf die Gefahr hin, dass Sie das schon gehört oder gelesen haben, soll auch hier darauf hingewiesen werden, dass ohne Zeiterfassung kein effizientes Controlling stattfinden kann.

Allgemein anerkannt ist in der Branche eine Unterscheidung von Sollstunden, sozialbedingten Ausfallzeiten, betriebsbedingten Allgemeinzeiten und Projektstunden:

- Sollstunden sind alle Tage abzüglich Sonntage und Samstage × Stunden, bei einer 40-Stunden-Woche also 2088.
- Sozialbedingte Ausfallzeiten sind Urlaub, Krankheit und Feiertage × Stunden.
- Betriebsbedingte Allgemeinzeiten sind Besprechungen, eigene Organisation, Akquisition, interne Aufgaben, Weiterbildung etc.
- Projektstunden sind Projektbearbeitungszeiten nach Phasen.

Bei den Sollstunden taucht regelmäßig die Frage auf, wie Überstunden zu handhaben sind. In ein Controlling-System, in dem es um Kosten und Erlöse geht, gehören nur Fakten hinein, die auch solche Werte darstellen, und dazu gehören Leistungen, die nichts kosten, nicht. Aber in vielen Planungsbüros ist dieses Problem noch nicht gelöst. Es kommt bisweilen sogar zu Strategien der Mitarbeiter für die Anerkennung und Vergütung von in der Vergangenheit geleisteten Überstunden, am besten kurz vor Weihnachten oder wenn der

Chef gerade gute Laune hat. Damit sind manche erfolgreich, andere aber auch nicht. Das kann keine faire Lösung sein. Es wird deshalb vorgeschlagen, in den Arbeitsverträgen zu vereinbaren, wie viel Überstunden pro Monat mit dem Bruttogehalt bereits abgegolten sind. Dass Überstunden mit dem „Gehalt" bereits bezahlt sind, gilt natürlich auch für den Chef. Denn wenn man einen Inhaber fragt, auf welchen Projektstundenanteil er denn kommt. und er antwortet z. B. 70 %, dann kann das normalerweise nur stimmen, wenn er dabei die Überstunden bewusst oder unbewusst nicht zu den Sollstunden gezählt hat. Aber wenn in einzelnen Fällen Überstunden zu einem Dauerproblem werden, dann sollte der Chef diesen Aspekt im nächsten Mitarbeitergespräch (s. Abschn. 5.16) ansprechen und mit dem Mitarbeiter eine spezielle Lösung suchen.

Als Nächstes sind die sozialbedingten Ausfallzeiten zu berücksichtigen. Wie der Name schon sagt, fallen diese Zeiten als Arbeitszeit aus, worauf weder der Chef noch die Mitarbeiter einen Einfluss haben. Es sei denn, die Urlaubstage werden (freiwillig) reduziert. Berücksichtigt wird durch diese Definition gerechterweise auch die in den Bundesländern unterschiedliche Anzahl von Feiertagen. Darauf sollte bei etwaigen Vergleichen geachtet werden.

Die betriebsbedingten Allgemeinzeiten sind im Unterschied zu den sozialbedingten Ausfallzeiten sehr wohl beeinflussbar. Sie entstehen für allgemeine Arbeiten, die nicht einem bestimmten Projekt zugerechnet werden können. Erst nach Abzug dieser Zeiten ergeben sich die Projektstunden, und für den betriebswirtschaftlich denkenden Techniker wächst die Erkenntnis, dass nur für solche Stunden Einnahmen entstehen, durch die die Kosten für sozialbedingte Ausfallzeiten und betriebsbedingte Allgemeinzeiten mit erwirtschaftet werden müssen. Damit wird auch verständlich, dass diese Art der Zeiterfassung nur funktionieren kann, wenn sie – auch für den späteren Betriebskostenvergleich – einheitlich definiert wird und täglich erfolgt. Denn wie soll sich ein Mitarbeiter am Ende eines Monats sonst daran erinnern können, was er in den 8 Stunden am 2. oder 3. Tag gemacht hat?

Entscheidenden Einfluss auf den Projektstundenanteil und damit auf den wirtschaftlichen Erfolg haben die betriebsbedingten Allgemeinzeiten oder, aus der Sicht der Planungsbüros konkreter formuliert, die Reduzierung solcher Zeiten. Deshalb möchte ich dafür noch ein paar praktische Vorschläge unterbreiten: Die E-Mail-Flut muss bekämpft werden, in manchen Büros macht es Sinn, die Besprechungszeiten zu reduzieren, die Einführung eines Qualitätsmanagements könnte helfen, durch geschickte Organisation von externen Terminen können Fahr- und Wartezeiten reduziert werden, manche brauchen dringend eine Anleitung für (kürzere) Telefongespräche und besondere Probleme haben manche Büros mit der großen Differenz von Angeboten und Aufträgen. Deshalb habe ich mir auch dazu ein paar Gedanken gemacht:

- Keine Angebote mehr machen, die schon deswegen scheitern, weil der potentielle Kunde den Eindruck gewinnt, das Büro wolle gar keine neuen Kunden und Aufträge (Schema F)
- Standardisierung und Rationalisierung der Angebote, aber mit individuellem Raster oder gemäß Vorgabe

- Vermeidung von Angeboten, die nicht die vorgegebenen Bedingungen erfüllen
- Anstreben der Kontaktaufnahme zum Auftraggeber bei über die EU laufenden Angeboten
- Herausfinden der Motive des potentiellen Auftraggebers (man muss dafür sorgen, dass man gefragt wird und nicht angefragt zu Vergleichszwecken)
- Klärung der Entscheidungssituation (wer entscheidet, wer hat Einfluss?)
- Organisation der Angebotsverfolgung (nachfassen)
- Akquisition von Aufträgen außerhalb der Arbeitszeit (das betrifft allerdings wohl nur den Chef)

In letzter Zeit kommt eine Diskussion darüber auf, ob auch die Fahrzeiten der Mitarbeiter in vollem Umfang Arbeitszeiten sind. Das ist der Fall, wenn darüber eine entsprechende Vereinbarung mit dem Auftraggeber existiert. Ansonsten geht der Trend dahin, dass sich Arbeitgeber und Arbeitnehmer diesen (zeitlichen) Aufwand teilen.

3.6   Kosten und Erlöse

Bei den Erlösen ist die Sache relativ einfach. Sie ergeben sich normalerweise als Einnahmen aus der beratenden Tätigkeit und aus Honoraren für Gutachten. Allerdings sollte man dabei eine Unterteilung nach Fachgebieten vornehmen, denn sonst kann man später keine Deckungsbeitragsrechnung (s. Abschn. 3.8) erstellen. Hier geht es um den Umsatz des Unternehmens. Manchmal taucht auch der Begriff Gesamtleistung auf. Das ist dann der Fall, wenn eine Abgrenzung auf das betreffende Jahr vorgenommen wird und das wiederum ist bei der Rechnungslegung für eine GmbH oder kleine AG in der Gewinn- und Verlustrechnung erforderlich.

Aber auch die Kostenrechnung ist für ein Planungsbüro nicht schwierig, wie ein typisches Beispiel (s. Abb. 3.1) zeigt. Auffällig ist der hohe Anteil der Personalkosten an den Gesamtkosten. Während das im Durchschnitt aller Unternehmen nur rd. 20 % sind, liegt dieser Anteil bei den Planungsbüros in der Regel über 60 %. Das ist aber in dieser Branche normal und bei anderen Freiberuflern auch nicht anders. Einfluss auf den Personalkostenanteil hat der Anteil der Fremdleistungen, denn diese Leistungen werden von Freien Mitarbeitern und Subunternehmen eingekauft, wenn die Kapazität und/oder die Qualifikation der Mitarbeiter nicht ausreichen. Wenn dieser Anteil im konkreten Fall überdurchschnittlich hoch ist, dann liegt der Personalkostenanteil unter dem Durchschnitt und umgekehrt.

Der verbleibende Anteil der Sachkosten ist bei den Planungsbüros relativ gering. Am meisten fallen dabei noch die Raumkosten ins Gewicht oder auch die Sachkosten für den Bürobetrieb (Geräte, Material, EDV-Anlagen). Einen höheren Anteil haben Kfz- und Reisekosten, wenn weit entfernte Baustellen betreut werden müssen oder ein starker Austausch mit Außenstellen stattfindet, und mit der Bürosicherung ist – neben den Beiträgen zu Berufsverbänden und Beratungskosten – die für Architekten sowie Ingenieure wegen

Bruttogehälter inklusive GF-Gehälter	52,5 %	**62,6 %**
Sozialabgaben	10,1 %	
Honorare für Freie Mitarbeiter	3,3 %	**15,5 %**
Honorare für Subunternehmer	12,2 %	
Raumkosten	5,6 %	
Sachkosten Bürobetrieb	6,8 %	
Akquisition, Repräsentation	0,8 %	
Kfz-Kosten	2,8 %	**21,9 %**
Reisekosten	1,2 %	
Fort- und Weiterbildung	0,4 %	
Bürosicherung	2,1 %	
Kalkulations- und Kapitalkosten, Steuern	2,2 %	

Abb. 3.1 Analyse der wesentlichen Kostenarten

der umfangreichen Haftung wichtige Haftpflichtversicherung für Personen- und Vermö-
gensschäden gemeint.

Die Ingenieure und Architekten kennen die Kosten- und Leistungsrechnung als Einnah-
men/Überschuss-Rechnung, wenn ihre Unternehmen als Einzelfirma oder Gesellschaft
bürgerlichen Rechts (GbR) geführt werden, oder als Gewinn- und Verlustrechnung für
eine GmbH oder kleine AG. Erstellt werden diese Kosten- und Leistungsrechnungen in
der Regel vom Steuerberater, der auch eine monatliche Statistik in Form der Betriebswirtschaftlichen Auswertung (BWA) für Betriebseinnahmen, Betriebsausgaben und das vorläu-
fige Ergebnis vornimmt. Daraus ergeben sich bereits Ansätze für die zwölfmonatige Liquiditätsplanung, die normalerweise auch der Steuerberater erstellen kann. Dabei werden
die Einnahmen und Ausgaben gegenübergestellt. Die Ausgaben können relativ einfach
bestimmt werden, denn die wesentlichen Positionen, wie Gehaltszahlungen, Sozialabgaben, Steuern, Mieten und Leasinggebühren, fallen zu bestimmten Terminen immer wieder
an. Schwieriger ist demgegenüber die Abschätzung der monatlichen Einnahmen. Dabei
hilft der bereits feststehende Auftragsbestand. Manche Büros müssen dann noch die leider

auch immer wieder vorkommenden Zahlungsverzögerungen einkalkulieren, um schließlich aus dieser Rechnung zu erkennen, in welchen Monaten eine Über- oder Unterdeckung zu erwarten ist, und im Falle der Unterdeckung reicht normalerweise die mit der Bank vereinbarte Kreditlinie aus, um diese Schwierigkeit zu überbrücken.

3.7   Kalkulation

Mit der Kalkulation tun sich noch immer viele Planungsbüros schwer, obwohl doch schon immer der Erfolg der Arbeit in einem Planungsbüro von der auskömmlichen Kalkulation der Projekte abhängig war, die Mitarbeiter (im selben Büro) unterschiedlich qualifiziert waren und auch unterschiedlich bezahlt wurden. Auch die Methode, sich einfach darauf zu verlassen, dass bei Vereinbarung der HOAI-Mindestsätze mindestens ein auskömmliches Ergebnis herauskommen würde, hat schon zu manchen unangenehmen Überraschungen geführt.

Aber nach Novellierung der HOAI mit teilweise wegfallenden Preisvorschriften und auch nicht mehr geltender Stundensätze ist die Diskussion um die Kalkulation nun doch neu in Gang gekommen. Insbesondere geht es dabei um die Stundensätze. Im konkreten Fall muss man allerdings aufpassen, ob tatsächliche oder kalkulierte Stundensätze gemeint sind. Einen guten Überblick über tatsächlich erzielte Stundensätze bekommt man im Betriebskostenvergleich von VBI, BDB sowie AHO, und zwar unterteilt nach Größenklassen (s. auch Abschn. 3.14). Für die Kalkulation von Stundensätzen gibt es mittlerweile mehrere Vorschläge. So kann man auf bestimmte Messwerte für unterschiedlich große Gebäude zurückgreifen [13] oder auf den Vorschlag des AHO [14], und meinen Vorschlag finden Sie in Abb. 3.2 [7]. Ausgangsbasis ist das jeweilige Bruttogehalt des betreffenden Mitarbeiters. Das wird multipliziert mit dem Projektstundenanteil dieses Mitarbeiters als sog. Einzelkosten, die normalerweise zwischen 70 und 80 % betragen. Danach erfolgt die Multiplikation mit dem Gemeinkostenfaktor des Büros, der gewöhnlich zwischen 2,3 und 3,0 liegt, geteilt durch die absoluten Projektstunden des Mitarbeiters und man erhält den Stundensatz ohne Gewinn. Bei einem Mitarbeiter, der z. B. 40 TEUR verdient, sind das 57 bzw. 44 €. Der enorme Unterschied ist ausschließlich auf den verschiedenen Projektstundenanteil zurückzuführen und macht noch einmal deutlich, welche große Bedeutung dieser Faktor für die Wirtschaftlichkeit eines Planungsbüros hat

Die Stundensatztabelle zeigt auch den starken Unterschied des Stundensatzes in Abhängigkeit vom jeweiligen Bruttogehalt auf. Das kommt dadurch, dass die höher bezahlten Mitarbeiter auch einen entsprechend höheren Stundensatz erwirtschaften müssen. Das kann man auch abschwächen, indem jeder Mitarbeiter mit seinem Stundensatz den gleichen absoluten Gemeinkostenzuschlag erbringen muss. Das ist aber nicht üblich. Auch wenn man umgekehrt vom Stundensatz auf das dazu gehörige Bruttogehalt schaut, erhält man eine interessante Erkenntnis dahingehend, dass man mit einem Stundensatz von 30,– oder 35,– € kein akzeptables Einkommen für einen Ingenieur erzielen kann. Schließlich wird auch durch diese Tabelle ersichtlich, dass jeder Mitarbeiter im Mittel mehr als das

Bruttogehalt	Projekt-stundenanteil		Einzelkosten		Gemein-kostenfaktor		Projektstunden		Stundensatz	
20.000 €	0,7	0,8	14.000 €	16.000 €	3,0	2,3	1.462	1.670	29 €	22 €
25.000 €	0,7	0,8	17.500 €	20.000 €	3,0	2,3	1.462	1.670	36 €	28 €
30.000 €	0,7	0,8	21.000 €	24.000 €	3,0	2,3	1.462	1.670	43 €	33 €
35.000 €	0,7	0,8	24.500 €	28.000 €	3,0	2,3	1.462	1.670	50 €	39 €
40.000 €	0,7	0,8	28.000 €	32.000 €	3,0	2,3	1.462	1.670	57 €	44 €
45.000 €	0,7	0,8	31.500 €	36.000 €	3,0	2,3	1.462	1.670	65 €	50 €
50.000 €	0,7	0,8	35.000 €	40.000 €	3,0	2,3	1.462	1.670	72 €	55 €
55.000 €	0,7	0,8	38.500 €	44.000 €	3,0	2,3	1.462	1.670	79 €	61 €
60.000 €	0,7	0,8	42.000 €	48.000 €	3,0	2,3	1.462	1.670	86 €	66 €
65.000 €	0,7	0,8	45.500 €	52.000 €	3,0	2,3	1.462	1.670	93 €	72 €
70.000 €	0,7	0,8	49.000 €	56.000 €	3,0	2,3	1.462	1.670	101 €	77 €
75.000 €	0,7	0,8	52.500 €	60.000 €	3,0	2,3	1.462	1.670	108 €	83 €

Bruttogehalt x Projektstundenanteil = Einzelkosten   x $\dfrac{\text{Gemeinkostenfaktor}}{\text{Projektstunden}}$ =   Stundensatz

Abb. 3.2 Stundensatztabelle [7]

Doppelte seines Gehaltes zur Kostendeckung erwirtschaften muss, und natürlich muss der Gemeinkostenfaktor jedes Jahr neu ermittelt werden. Das geschieht dadurch, dass die Gesamtkosten durch die Bruttogehälter der Mitarbeiter während deren durchschnittlicher Projektbearbeitungszeit, also z. B. 75 %, dividiert werden, und auch das ist nur möglich, wenn eine exakte Zeiterfassung stattfindet. Manche Büros und Software-Systeme arbeiten mit dem Gemeinkostenzuschlag statt mit dem Gemeinkostenfaktor. Aber der Unterschied besteht nur darin, dass die Basiseinheit [1] weggelassen wird. Ein Gemeinkostenfaktor von z. B. 2,7 entspricht deshalb einem Gemeinkostenzuschlag von 1,7.

Allen Vorschlägen gemeinsam ist, dass individuelle Stundensätze kalkuliert werden, nicht solche für das ganze Büro. Denn das wäre viel zu ungenau und würde zu falschen Erkenntnissen im Wettbewerb führen. Das soll anhand von Abb. 3.3 deutlich gemacht werden. Nehmen wir an, ein Planungsbüro hat einen Auftrag für ein Honorar von 55 TEUR (netto) erhalten. Manche werden hier schon einwenden, dass dieser Betrag bei der Auftragsvereinbarung wegen der Abhängigkeit von den Baukosten noch gar nicht so genau feststehe. Aber das ist in anderen Branchen auch so. Mit Unsicherheiten und Risiken muss man als Unternehmer leben. Das macht der Projektleiter auch und passt diesen Wert später ggf. an. Jetzt geht es erstmal darum, das Projekt zu kalkulieren: Der Projektleiter geht zu einer Technischen Zeichnerin und zu einem jungen Ingenieur, er selbst ist der Ingenieur 2 und er geht zum Chef, den er für dieses Projekt auch braucht. Alle vier benötigen unterschiedliche Zeiten und haben natürlich aufgrund der gerade beschriebenen Stundensatztabelle unterschiedliche Stundensätze. Zusammengezählt stimmt auch alles gut. Neben den Kosten kann sogar ein zusätzlicher Deckungsbeitrag erwirtschaftet werden, wenn alle

Abb. 3.3 Projektkalkulation

Honorar:	55 TEUR
Kosten:	Stunden x Stundensatz
Technische Zeichnerin:	300 x 27 EUR = 8.100 EUR
Ingenieur 1:	550 x 40 EUR = 22.000 EUR
Ingenieur 2:	200 x 53 EUR = 10.600 EUR
Chef:	100 x 87 EUR = 8.700 EUR
	1.150 49.400 EUR
Deckungsbeitrag:	5.600 EUR
Spielraum:	rund 10 % (individuell)

ihre Bearbeitungszeiten einhalten. Wenn die Technische Zeichnerin z. B. 100 Stunden mehr braucht, dann ist das nicht so schlimm, das Projekt bleibt positiv. Wenn hingegen der Ingenieur oder der Projektleiter selbst länger brauchen, wird das aufgrund ihrer Stundensätze schon schwieriger. Man sieht also an diesem Beispiel sehr deutlich, warum es notwendig ist, individuelle Stundensätze zu kalkulieren. Denn wenn man für alle vier den durchschnittlichen Stundensatz von 52,– € kalkulieren und damit die insgesamt 1150 Stunden berechnen würde, dann würde sich schon von vornherein ein Fehlbetrag ergeben.

Eine Ausnahme von individuellen Stundensätzen sollte es allerdings geben, und das gilt für große Planungsbüros. Sie bilden (individuelle) Stundensätze für die verschiedenen Gruppen im Unternehmen. Solche Unterschiede in den Stundensätzen hatte sogar die HOAI in ihrer Dreiteilung berücksichtigt, die heute allerdings nicht mehr gilt und hier auch nur der Struktur wegen erwähnt wird.

Bleiben wir noch etwas bei dieser nicht ganz einfachen Materie der Kalkulation. Am Beispiel der Ermittlung des Gemeinkostenfaktors soll geklärt, zu welchen falschen Schlüssen eine falsche Definition führen kann (s. Abb. 3.4). Nehmen wir den Fall, dass der Betriebskostenvergleich einen durchschnittlichen Gemeinkostenfaktor von 2,7 erbracht hat. Dabei werden bekanntlich die Gesamtkosten (ohne Fremdleistungen) durch die Einzelkosten (= Gehälter während der Projektzeit) geteilt. Das Planungsbüro Müller ermittelt seinen Gemeinkostenfaktor und kommt ebenfalls zu einem Wert von 2,7. Herr Müller glaubt deshalb, dass er gut im Branchendurchschnitt liegt. Aber er hat einen Fehler gemacht, denn er hat die vollen Gehälter von 370 TEUR angesetzt. Hätte er auch nur mit den Bruttogehältern während der Projektzeit (von 285 TEUR) gerechnet, dann wäre er auf den

Abb. 3.4 Gemeinkostenfaktor

Branchendurchschnitt:

$$\frac{\text{Gesamtkosten}}{\text{Einzelkosten}^{x)}} \quad = \quad 2{,}7$$

Planungsbüro Müller:

$$\frac{1 \text{ Mio. EUR}}{370 \text{ TEUR}^{xx)}} \quad = \quad 2{,}7$$

richtig wäre:

$$\frac{1 \text{ Mio. EUR}}{285 \text{ TEUR}} \quad = \quad 3{,}5$$

[x)]   = Bruttogehälter während der Projektzeit (77 %)

[xx)] = 100 % Bruttogehälter

Weitere Variante:

$$\frac{1 \text{ Mio. EUR}}{630 \text{ TEUR (Brutto + Sozialabgaben)}} \quad = \quad 1{,}6$$

wesentlich höheren Gemeinkostenfaktor von 3,5 gekommen und nur dieser ist mit dem Branchendurchschnitt vergleichbar. Eine weitere (individuelle) Variante wäre dadurch denkbar, dass unter dem Bruchstrich auch die Sozialabgaben erscheinen. Das kann man zwar machen, aber das ist dann überhaupt nicht mehr mit dem Branchendurchschnitt vergleichbar und allenfalls für Zeitvergleiche im selben Unternehmen nützlich.

Schließlich möchte ich an dieser Stelle auf ein paar Möglichkeiten zur Kosteneinsparung aufmerksam machen (s. Abb. 3.5). Der Anteil der Fremdleistungen in diesem Beispiel beträgt 17 %. Wenn die Auftragslage schlechter wird und die Mitarbeiter ihren Beitrag zu diesem Rückgang in Form flexibler Arbeitszeiten beisteuern, dann kann es gelingen, den Anteil der Fremdleistungen ohne Kündigungsprobleme von 17 auf z. B. 7 % zu reduzieren. Mit dieser Ersparnis kann das Büro normalerweise ganz gut weiterleben, und das ist gleichzeitig auch eine Maßnahme, die beim Worst-Case-Szenario des Masterplans (s. Abschn. 6.4) hilfreich wäre.

Wie bereits geschildert, sind die betriebsbedingten Allgemeinzeiten der hauptsächliche Grund dafür, dass zu wenig Projektstunden geleistet werden. Aber die Unternehmensleitung kann diese Situation (im Unterschied zu den sozialbedingten Ausfallzeiten) beeinflussen. Im Idealfall wäre dafür ein Anteil von 10 % der Sollstunden erforderlich. Davon

Maßnahme	Pro MA	Büro (10 MA)
Reduzierung des Anteils Freier Mitarbeiter von 17 % auf 7 % (durch flexible Arbeitszeit der Mitarbeiter) 10 % von 90 TEUR (Umsatz/Mitarbeiter) =	9.000,00 €	90.000,00 €
Reduzierung der betriebsbedingten Allgemeinzeiten um 5 Prozentpunkte und entsprechende Steigerung der Projektzeit 5 % von 2.088 = 104 h x 55,00 €/h = (Bürostundensatz)	5.720,00 €	57.200,00 €
Reduzierung des Urlaubs um 3 Tage x 8 h = 24 h x 75 % (Projektstunden) = 18 h x 55,00 €/h =	990,00 €	9.900,00 €
Reduzierung der Fluktuationsrate von 17 % auf 7 % = 0,5 Mitarbeiter x Einarbeitungsaufwand von 25.000,00 € x 50 % =	1.250,00 €	12.500,00 €
Reduzierung der Forderungen von 14 % auf 4 % von 90 TEUR/Umsatz pro Mitarbeiter = 9.000,00 € x 12 % Kontokorrent-Zinsen =	1.080,00 €	10.800,00 €
Summe (= 20 % des Umsatzes)	__18.040,00 €__	__180.400,00 €__

Abb. 3.5 Kosteneinsparpotential

sind die meisten Planungsbüros noch weit entfernt. Deshalb wäre es schon gut, wenn der Anteil dieser Zeiten im konkreten Fall um 5 Prozentpunkte reduziert werden könnte. Die Möglichkeiten dafür wurden bereits beschrieben und das Ergebnis finden Sie in Abb. 3.5.

Auch die Reduzierung des Urlaubs bringt Einsparungen bzw. zusätzliche Kapazität und hat in den letzten Jahren in vielen Büros ohne Gehaltsausgleich stattgefunden. Einige Büros werden auch durch stärkere Bindung der Mitarbeiter an das Unternehmen Erfolg damit haben, die Fluktuationsrate zu senken, und viele müssen etwas unternehmen, um die Außenstände zu reduzieren (s. Abschn. 3.15). Insgesamt ergibt sich aus alledem ein Einsparpotential von rd. 20 % des Umsatzes. Zur Abrundung der Kalkulation sei abschließend darauf hingewiesen, dass auch nach der neuen HOAI beim Bauen im Bestand ein Umbauzuschlag erhoben werden kann. Aber der Mehraufwand muss natürlich vereinbart und nachgewiesen werden. Im Nachhinein hat man schlechte Karten.

Zusammenfassend soll hier noch einmal dargestellt werden, warum die Kalkulation so wichtig ist:

- Erfassung der Zeiten (Projektstunden, sozialbedingte Ausfallzeiten, betriebsbedingte Allgemeinzeiten)
- Einheitliche Definition dieser Zuordnungen (individuell und für die Branche)
- Kalkulation individueller Stundensätze für die Mitarbeiter
- Einsatz einer Standard-Software für das Controlling
- Projektbezogener Soll/Ist-Vergleich
- Benchmarking durch Branchenvergleich (s. Abschn. 3.14)
- Feststellung der wichtigsten Einflussgrößen auf die Wirtschaftlichkeit des Büros
- Einführung einer Deckungsbeitragsrechnung für Fachgebiete, ggfs. Filialen sowie Unterauftragnehmer (s. Abschn. 3.8)
- Ermittlung der Arbeitsproduktivität (s. Abschn. 3.10)
- Schulung der Mitarbeiter für das Verständnis dieser Zusammenhänge.

3.8 Die Deckungsbeitragsrechnung

Die Abb. 3.6 [9] zeigt ein Ingenieurunternehmen mit 35 Mitarbeitern und 5 Fachgebieten, das in der Rechtsform der GmbH geführt wird und in dem der alleinige Gesellschafter auch der Geschäftsführer ist, dessen Gehalt die Personalkosten beinhalten. Er ist Ingenieur aus Berufung und deshalb zufrieden damit, dass sein Unternehmen einen Gewinn von 150 TEUR vor Steuern erwirtschaftet. Trotzdem kann er davon überzeugt werden, eine Deckungsbeitragsrechnung für die verschiedenen Fachgebiete zu machen. Das Ergebnis zeigt die Abbildung. Es gibt bereits zwei Fachgebiete, die geringe Verluste machen, die aber von den Überschüssen der anderen Gebiete überkompensiert werden. Obwohl eine solche Deckungsbeitragsrechnung gar nicht so schwierig ist – wenn man von der erforderlichen Schlüsselung der Personalkosten von Mitarbeitern, die für mehrere Fachgebiete tätig sind, absieht –, werden sich manche Leser fragen, was sie von einer solchen

	Städtebau	Verkehrsplanung	Wasser/Abfall	Umwelttechnik	Vermessung	Summe
Umsatz	1.000 TEUR	750 TEUR	900 TEUR	250 TEUR	100 TEUR	3.000 TEUR
./. Fremdleistungen	100 TEUR	75 TEUR	150 TEUR	25 TEUR	40 TEUR	390 TEUR
./. Personalkosten	650 TEUR	550 TEUR	500 TEUR	100 TEUR	60 TEUR	1.860 TEUR
= Deckungsbeitrag I	250 TEUR	125 TEUR	250 TEUR	125 TEUR	+ ./. 0	750 TEUR
./. Sachkosten	200 TEUR	150 TEUR	180 TEUR	50 TEUR	20 TEUR	600 TEUR
= Deckungsbeitrag II	50 TEUR	./. 25 TEUR	70 TEUR	75 TEUR	./. 20 TEUR	150 TEUR

Abb. 3.6 Deckungsbeitragsrechnung [9]

Erkenntnis haben. Kein Berater würde in einem solchen Fall dem Inhaber vorschlagen, die beiden Fachgebiete mit allen Konsequenzen abzuschaffen. Aber es könnte doch sinnvoll sein, z. B. die Vermessung an einen dafür spezialisierten Fremdleister mit weniger Gemeinkosten zu übertragen und den dafür zuständigen Mitarbeiter zu animieren, sich mit Auftragsgarantie für die nächsten zwei Jahre selbständig zu machen.

Das gerade aufgezeigte Beispiel steht für die Deckungsbeitragsrechnung nach Fachgebieten. Es gibt aber auch noch andere Kriterien, die für eine Deckungsbeitragsrechnung sprechen. Das gilt besonders für solche Planungsbüros, die über Außenstellen verfügen. Direkt nach der Wiedervereinigung galt es für manche Planungsbüros geradezu als Status-Symbol, mit einer Niederlassung in den neuen Bundesländern dabei zu sein. Nicht alle sind damit glücklich geworden und haben nach einiger Zeit dieses Engagement wieder beendet, aber dabei übersehen, dass einige Aufträge für Beschäftigung im Hauptbüro gesorgt hatten, die jetzt natürlich auch entfielen. Das wäre ihnen wahrscheinlich mit einer Deckungsbeitragsrechnung nicht passiert. Sinn machen Außenstellen in der Branche aber deshalb, weil immer noch viele Auftraggeber trotz Internet mit einem Planungsbüro in ihrer direkten Nähe zusammenarbeiten wollen. Wahrscheinlich ist dieses Problem mehr eine Aufgabe für das Marketing (s. Kap. 4). Aber kostendeckend sollte das Ganze schon sein, es sei denn, man würde diesen Aufwand für ein größeres (wirtschaftliches) Ziel betreiben.

Ein dritter Grund für die Deckungsbeitragsrechnung in fast allen Planungsbüros sind schließlich die Fremdleister (Freie Mitarbeiter und Subauftragnehmer). Wie viel sie in einem Jahr gekostet haben, wissen eigentlich alle Inhaber. Denn dieser Betrag ergibt sich aus der Einnahmen/Überschuss-Rechnung des Steuerberaters. Nicht immer ist das sofort erkennbar, denn manchmal wird dieser Wert als „Kosten des Wareneinstands" bezeichnet, aber das ist damit gemeint. Was aber fehlt, ist eine Position für den Erfolg. Welchen Beitrag haben die Fremdleister für das Büro erbracht? Denn schließlich hat das Unternehmen den Gemeinkostenapparat auch dafür bereitgestellt. Am besten kann man das im Rahmen des Projektcontrollings verfolgen. Aber es wäre auch schon damit geholfen, die Fremdleistungen bei der Kalkulation mit einem Teil der Sachkosten zu beaufschlagen, z. B. mit 10 oder 20 % dieser Kosten.

3.9   Die Wirtschaftlichkeitsanalyse

Warum sind viele Planungsbüros wirtschaftlich und manche nicht? Oft liegt es daran, dass keine Überprüfungen stattfinden, z. B. nach dem Muster in Abb. 3.7. Darin werden die wichtigsten Einflussgrößen erkennbar, und wenn Sie Ihre Zahlen später mit dem Branchendurchschnitt (s. Benchmarking) vergleichen, wissen Sie, woran eine Abweichung liegt. Damit haben Sie zwar noch keine Lösung, aber Sie wissen, wo Sie ansetzen müssen.

Auch einzelne Maßnahmen bedürfen einer Wirtschaftlichkeitsanalyse. Das gilt z. B. für den Aufbau eines neuen Geschäftsfeldes, der im letzten Kapitel noch beschrieben wird, oder für den Kauf eines anderen Unternehmens [9]. In diesen Fällen ist es üblich, die

	absolut	in Prozent
- Umsatz	……….	100
- Fremdleistungen	………..	…………….
- Personalkosten	………..	…..………..
- Sachkosten	………..	……………..
= Ergebnis	………..	_____
- Mitarbeiter insgesamt	………..	_____
- Kaufmännische Mitarbeiter	………..	……………..
- Personalkosten pro Mitarbeiter	………..	_____
- Sollstunden pro Mitarbeiter	………..	100
- Sozialbedingte Ausfallzeiten pro Mitarbeiter	………..	……………..
- Betriebsbedingte Ausfallzeiten pro Mitarbeiter	………..	……………..
- Projektstunden pro Mitarbeiter	………..	……………..
- Gemeinkostenfaktor	………..	_____
- Bürostundensatz	………..	_____

= Ausgangsbasis für Sanierungsmaßnahmen

Abb. 3.7 Wirtschaftlichkeitsanalyse

Kapitalrücklaufzeit für die Vorleistungen bzw. den Kaufpreis aufgrund der zu erwartenden Überschüsse zu begrenzen, und mit der Methode des Return on Invest (ROI) geht man noch einen Schritt weiter dadurch, dass auch die Verzinsung des eingesetzten Kapitals während dieser Zeit gemessen wird. Noch umfassendere Analysen, die auch die Mitarbeiterqualifikation und das Kundenportfolio einschließen, gibt es in Form der sog. Due-Diligence-Analyse, die in den Unternehmensbericht mündet. Solche Untersuchungen werden erforderlich, wenn ein Planungsbüro verkauft oder übergeben werden soll.

Schließlich sollte hier nicht unerwähnt bleiben, dass es auch eine Art von Wirtschaftlichkeit gibt, die noch nicht immer auch bereits eine solche ist. Das klingt etwas merkwürdig, ist aber dennoch so gemeint. Denn es geht um die Bewertung und Inanspruchnahme der Umwelt. Die Unternehmen werden in Zukunft auch daran gemessen, welchen Beitrag sie zum Umweltschutz leisten.

Vielleicht ist Ihnen schon einmal der Ausdruck Öko-Effizienz-Analyse begegnet. Dabei steht „Öko" sowohl für Ökonomie als auch Ökologie, und vieles kann auch jetzt schon ökonomisch bezahlt werden. Die TGA-Planer werden das bestimmt wissen. Denn sie haben bereits erlebt, dass Modernisierungsbetriebe für die Energieeinsparung sowohl ihre Investitionen als auch ihre Dienstleistung „umsonst" anbieten, wenn sie als Gegenleistung die danach nachweislich eingesparten Energiekosten für eine gewisse Zeit beanspruchen können. Inzwischen kann man nun doch feststellen, dass die Planungsbüros allmählich vertrauter werden mit dem Denken in Kennzahlen und wirtschaftlicher Steuerung ihrer Unternehmen. Vielleicht hat dazu auch die Praxisinitiative erfolgreiches Planungsbüro (PeP) beigetragen, deren Anliegen es ist, den Planungsbüros bei diesem Teil der Unternehmensführung zu helfen. Ein dafür typisches Seminarthema lautet: Wirtschaftlichkeit messen – Erfolg steuern. Und zur Feststellung der Wirtschaftlichkeit taugt auch die Ermittlung der Arbeitsproduktivität.

3.10 Die Arbeitsproduktivität

In einer Branche, in der mehr als 60 % der Gesamtkosten auf die Personalkosten entfallen, will man natürlich wissen, wie produktiv dieser teuerste und wichtigste Faktor sein kann. Eine Möglichkeit dazu besteht in der Ermittlung der Arbeitsproduktivität. Damit kann gemessen werden, wie hoch die Wertschöpfung dieses Faktors ist.

Das können die Leser jetzt auch schon selbst machen, ich erkläre es Ihnen. Schauen Sie sich dafür das auf den durchschnittlichen Mitarbeiter bezogene typische Beispiel in Abb. 3.8 an. Das betreffende Unternehmen erzielt einen durchschnittlichen Stundensatz von 54,– €. Dieser Stundensatz ist relativ einfach zu ermitteln, indem Sie die Einnahmen eines Jahres durch die Projektstunden teilen und dann auf den Durchschnitt der (technischen) Mitarbeiter beziehen. Das durchschnittliche Gehalt einschl. Sozialabgaben findet man in der Einnahmen/Überschuss-Rechnung bzw. in der Gewinn- und Verlustrechnung. Im Branchendurchschnitt sind das rd. 50 TEUR und der Anteil der Fremdleistungen beträgt in diesem Beispiel 16 % der Einnahmen pro Mitarbeiter. Danach kann man den Umsatz pro Mitarbeiter ermitteln, die Personalkosten sowie den Anteil der Freien Mitarbeiter abziehen, und man erhält die durchschnittliche Wertschöpfung pro Mitarbeiter für das Büro. In diesem Fall sind das rd. 21 TEUR oder rd. 25 % des Umsatzes. Wovon dieses Ergebnis besonders abhängig ist, zeigen die nächsten beiden Zeilen. Wenn im Durchschnitt nur 1175 Projektstunden (= 50% der Sollstunden) erzielt werden, dann wäre die Wertschöpfung null.

Jetzt haben Sie also schon gesehen, wie man eine derartige Rechnung erstellt, und können das Gleiche mit den entsprechenden eigenen Zahlen machen, um zu erkennen, wo Sie davon abweichen. Dann haben Sie schon einen Teil des Benchmarkings geschafft, worauf etwas später noch einmal eingegangen wird.

Damit hier nicht der Eindruck erweckt wird, die Wertschöpfung der Mitarbeiter würde ausschließlich in Zahlen ausgedrückt, wird darauf hingewiesen, dass die Arbeitsproduktivität auch von der Zufriedenheit der Mitarbeiter abhängt, die natürlich beeinflussbar ist. Im Kap. 5 werde ich noch auf das Personalmanagement kommen. Dort wird erkennbar,

Durchschnittlicher kalkulierter Stundensatz:	54 €
Durchschnittlicher Projektstundenanteil:	75 % (= 1.566 h)
Durchschnittliches Gehalt (einschließlich Sozialabgaben):	50.000 €
Durchschnittlicher Anteil Freier Mitarbeiter am Umsatz:	16 % (von 84.500 €)

Ergebnis:

54 x 1.566 h	=	84.500 €
./. Personalkosten	=	50.000 €
	=	34.500 €
./. Anteil freie Mitarbeiter	= rd.	13.500 €
Wertschöpfung (Deckungsbeitrag) **für das Büro**	=	**21.000 €**
bei 1.175 Projektstunden (= 56 %)	=	0 €

Abb. 3.8 Ermittlung der Arbeitsproduktivität [7]

dass die Mitarbeiter die Zufriedenheit ihrer Arbeitssituation nicht nur vom Bruttogehalt abhängig machen, sondern auch von der Arbeitsplatzsicherheit sowie von der Möglichkeit, selbständig zu handeln, Verantwortung zu übernehmen, sich weiterbilden zu können und ein angenehmes Betriebsklima zu haben. Das Problem ist nur, dass man diese Kriterien nicht messen kann. Aber es ist sicher nicht verkehrt, davon auszugehen, dass sie einen wesentlichen Einfluss auf die gerade vorgestellten Zahlen haben. Es ist außerdem zu berücksichtigen, dass freundliches und kundenorientiertes Verhalten auch den Umsatz des Unternehmens fördert und sich deshalb in den Zahlen niederschlägt.

Schließlich hat auch die technische Ausrüstung in einem Planungsbüro Einfluss auf die Arbeitsproduktivität. Auch hier ist die Entwicklung nicht stehen geblieben. Es gibt mehrere Modelle für die Planung und Konstruktion von Gebäuden. Die Hersteller erklären, dass die Projektbearbeitungszeit dadurch um rd. 20 % reduziert werden kann und damit eine ebenso hohe Steigerung der Arbeitsproduktivität – nach der Kapitalrücklaufzeit für die zunächst erforderliche Investition – erreicht werden könne. Probieren Sie es aus!

3.11   Die Messgrößen

Mit Hilfe der Messgrößen [6] kann man die betriebswirtschaftliche Performance eines Planungsbüros beurteilen (s. Abb. 3.9). Die am häufigsten diskutierte Zahl ist der **Umsatz**

Ermittlung der Kennzahlen

- Umsatz (netto) pro Mitarbeiter
  (alle ohne Azubi, aber mit Inhaber   = ...TEUR   =   rd. .... TEUR
  und ggfs. zeitanteilig)   ....

- Gemeinkostenfaktor = $\dfrac{\text{Gesamtkosten}}{\text{Einzelkosten}^{x)}}$ = ...TEUR   =   rd.
                                                     ..TEUR $^{xx)}$

- Bürostundensatz = $\dfrac{\text{Umsatz}}{\text{Projektstunden}}$ = ...TEUR   = ... EUR
                                                     ....

- Arbeitskostenquote = $\dfrac{\text{Gesamtkosten}}{\substack{\text{Personalkosten und}\\\text{Fremdleistungen}}}$ = ...TEUR   =   Prozent
                                                     .....TEUR

- Arbeitsproduktivität $^{xxx)}$ = ... TEUR

- Umsatzrendite   = ...TEUR   =   Prozent
                                                     ....TEUR

- Auftragsbestand   = ...TEUR   =   Monate
                                                     .....TEUR/Monat

- Offene Forderungen in Prozent des Umsatzes   =   Prozent

- Anteil Fremdleistungen (Freie Mitarbeiter)   = ...TEUR   =   Prozent
                                                     .....TEUR

- Anteil Personalkosten   = ...TEUR   =   Prozent
                                                     .....TEUR

- Anteil Sachkosten   = ...TEUR   =   Prozent
                                                     .....TEUR

- Gesamtstunden   =

- Sozialbedingte Ausfallzeiten   = ...   =   Prozent

- Betriebsbedingte Allgemeinzeiten   = ...   =   Prozent

- Projektstunden   = ...   =   Prozent

- Fluktuationsrate   = $\dfrac{\text{Zu-u.Abgänge}}{\text{Personalbestand}}$ = Prozent

$^{x)}$ = Bruttogehälter der technischen Mitarbeiter während der Projektzeit
$^{xx)}$ = ... TEUR x .... Prozent
$^{xxx)}$ = Umsatz ./. Personalkosten ./. Fremdleistungen pro Mitarbeiter

Abb. 3.9 Ermittlung der Kennzahlen

pro Mitarbeiter, und zwar nach folgender Definition: Umsatz netto (also ohne Mehrwertsteuer) bezogen auf alle Mitarbeiter einschl. Inhaber und ggf. Teilzeitkräfte entsprechend anteilig, aber ohne Auszubildende. Im Durchschnitt der letzten Befragungen waren das rd. 90 TEUR.

Der **Auftragsbestand** betrug im Mittel 5,5 Monate. Das erscheint auf den ersten Blick hoch. Deshalb muss dazu erklärt werden, wie dieser Wert erfasst wird. Zusammengezählt werden alle noch nicht begonnenen und teilfertigen Aufträge, bezogen auf die Kapazität des betreffenden Büros. Und da normalerweise auch Aufträge dabei sind, die erst in ein paar Monaten begonnen werden können, bedeutet das insoweit keine durchgehende Auslastung.

Mit der **Arbeitskostenquote** wird der Anteil der Personalkosten und der Fremdleistungen an den Gesamtkosten gemessen. Es wurde schon erwähnt, dass der Personalkostenanteil im Mittel über 60 % beträgt. Da der Anteil der Fremdleistungen im Mittel 15 % beträgt, die Arbeitskosten insgesamt also rd. 80 % ausmachen, verbleiben für die Sachkosten (s. Abb. 3.1) nur noch rd. 20 % der Gesamtkosten.

Kaufmännische Mitarbeiter sind in einem Planungsbüro diejenigen, die keine Projektstunden machen, also z. B. die Sekretärin, ein Buchhalter oder die Zuarbeiterin für den Steuerberater, und auf die nicht gerade motivierende Bezeichnung „Unproduktive" möchte ich lieber verzichten. Der **Anteil der kaufmännischen Mitarbeiter** sollte im Mittel nicht mehr als 10 % an der Belegschaft betragen. Wenn diese Kennzahl im konkreten Fall davon abweicht, dann kann das u. a. daran liegen, dass eine Kauffrau zum Teil doch an Projekten mitarbeitet oder dass Teilzeitkräfte wie Hausmeister oder Reinigungskräfte als Mitarbeiter geführt werden, deren Leistung besser fremd eingekauft werden sollte. Sie würden dann zu den Kosten des Bürobetriebs gehören.

Die bedeutendste Wirtschaftlichkeitskennzahl ist der **Bürostundensatz**. Dieser Wert ist relativ einfach zu ermitteln, und zwar dadurch, dass die Erlöse durch die Anzahl der Projektstunden des Büros geteilt werden. Herauskommen dabei im Mittel rd. 60,– €. In der Praxis gibt es dafür ähnlich wie beim Umsatz pro Mitarbeiter eine relativ große Bandbreite, und abhängig ist dieser Wert von den beiden folgenden Kennzahlen:

Über den **Projektstundenanteil** und dessen wirtschaftliche Bedeutung haben ich schon gesprochen (s. Abb. 3.2). Diese Kennzahl liegt in letzter Zeit eher bei 70 als bei 80 %, und auch hier gibt es eine starke Streuung.

Damit kommen wir zum **Gemeinkostenfaktor**. Gebildet wird diese Kennzahl bekanntlich dadurch, dass die Gesamtkosten durch die Einzelkosten geteilt werden. Dabei entstehen oft Missverständnisse, die mit Hilfe von Abb. 3.4 bereits erklärt wurden.

Der **Anteil der ausstehenden Forderungen** an den Umsatzerlösen ist in der Branche mit immer noch rd. 13 % im Mittel außerordentlich hoch. Deshalb müssen zumindest diejenigen, die noch schlechter (als dieses Mittel) sind, unbedingt etwas unternehmen (s. Abschn. 3.15).

Die **Fluktuationsrate** liegt in letzter Zeit ziemlich konstant bei knapp 20 %. Das erscheint hoch. Aber dabei muss bedacht werden, dass die Statistiker Zu- und Abgänge in einem Jahr addieren und nicht etwa saldieren. Deshalb muss man wissen, dass sich dahinter in einem Jahr z. B. 9 % Abgänge und 10 % Zugänge verbergen, in einem anderen Jahr aber 10 % Abgänge und 9 % Zugänge. Mehr Schwankungen gibt es kaum. Aber auch das bedeutet für ein Planungsbüro mit 10 Mitarbeitern, dass im Durchschnitt pro Jahr einer geht und einer kommt, und damit sind Kosten bzw. Know-how-Verlust verbunden.

Der **Auftragserfolg** wird in der Branche dadurch gemessen, dass gefragt wird, wie viel Anläufe die Büros machen müssen, um einen neuen Auftrag zu erlangen. Das Ergebnis liegt ziemlich konstant bei 3,2 und ist im konkreten Fall stark davon abhängig, wie viel Aufwand dafür betrieben wird. Wenn ein Unternehmen öfter am internationalen Wettbewerb teilnimmt, dann ist dieser Wert allerdings sehr viel höher.

Im Endeffekt interessiert natürlich alle Unternehmen, welcher Gesamterfolg aus alledem herauskommt. Auch dafür gibt es mit der **Umsatzrendite** eine Kennzahl. Aber dieser Wert ist so unterschiedlich, dass ein Mittel über alles im konkreten Fall wenig aussagefähig ist. Gleichwohl kann daraus abgeleitet werden, dass ein Planungsbüro selten über zehn Prozent der Jahreserlöse kommt, zumal bei der Ermittlung dieser Kennzahl von den Inhabern der Einzelfirmen bisweilen „vergessen" wird, vorher das kalkulatorische Inhabergehalt abzuziehen.

Schließlich gibt es noch zwei Kennzahlen von Interesse. Die eine betrifft die **Krankheitsquote**. Aber darüber brauchen sich die Planungsbüros keine Sorgen machen, denn diese liegt unter dem Durchschnitt vieler anderer Branchen. Nachdenklich muss demgegenüber der **Anteil der Weiterbildungskosten** machen. Dieser liegt schon seit langem unter einem Prozent. Aber das wird sich ändern, wenn der Fachkräftemangel größer wird (s. auch Kap. 5).

3.12 Die „weichen" Faktoren

Bisher habe ich in diesem Kapitel überwiegend über die harten Faktoren, wie Gemeinkostenfaktor, Bürostundensatz, Projektstundenanteil oder Arbeitsproduktivität gesprochen. Aber zum Erfolg eines Planungsbüros gehören auch die sog. weichen, nicht direkt messbaren Faktoren. Dieser Aspekt war bereits kurz von Bedeutung bei der Ermittlung des Unternehmenswertes [9] und darauf soll nun näher eingegangen werden.

Es beginnt mit der Verfügbarkeit von **Informationen**. Denn wer keine Informationen hat, bekommt auch keine Aufträge. Aber wie kommt man an Informationen? Ich denke dabei zuerst an die beiden in der Branche am meisten verbreiteten Zeitschriften, das Deutsche IngenieurBlatt und das Deutsche Architektenblatt. Daneben gibt es die Zeitschrift Beratende Ingenieure oder die Deutsche Bauzeitung und Zeitschriften für Fachbereiche, z. B. das FORUM für Vermessungsingenieure oder die Geotechnik. Nicht alles, was darin steht, ist für alle wichtig oder interessant. Deshalb muss nur ein Mitarbeiter alles lesen und seine Kollegen darüber informieren, was für das Büro von Bedeutung ist. Das macht er natürlich nicht dauernd, sondern nach ein paar Monaten ist ein anderer dran, und da diese Zeitschriften alle monatlich erscheinen, ist das auch nicht so aufwendig. Ein anderer Kollege, der das auch nur befristet macht, beobachtet regelmäßig die Informationen im Internet über wichtige Kunden sowie Konkurrenten, und schon haben Sie das Gerüst für Ihr Informationssystem. Wenn Sie dann noch dafür sorgen, dass Ihr Informant ein oder zwei allgemeine Mittelstandszeitschriften in die Hand nimmt und jemand auf möglichst geschickte Weise herausbekommt, warum im konkreten Fall nicht Sie den umworbenen

Auftrag bekommen haben, sondern ein Wettbewerber, dann ist Ihr Informationssystem schon fast perfekt. Fast, denn es geht hier auch um die interne Information. Auch die Mitarbeiter wollen wissen, wofür sie sich engagiert haben, was das Ergebnis ihrer Arbeit ist. Warum machen so viele Planungsbüros ein Geheimnis daraus?

Es gibt Inhaber, die verstehen das gar nicht, wenn ihre Kollegen über den ruinösen Preiswettbewerb, den es eigentlich zumindest teilweise gar nicht geben dürfte, schimpfen. Warum? Sie haben **Beziehungen und Kontakte**. Aber sie tun auch etwas dafür, denn die bekommt man nicht ohne Engagement. Manchmal sorgen sogar die Mitarbeiter dafür. Über diesen wichtigen „weichen" Faktor wird im Kapitel über das Marketing noch berichtet. Aber eine Erkenntnis kann ich schon jetzt verraten: Beziehungen schaden nur dem, der sie nicht hat.

Dass die **Kunden** ein wichtiger Erfolgsfaktor sind, wissen die meisten. Sie sind aber nicht alle gleichermaßen wichtig, manche sind zwar schlechte Zahler, können aber nicht insolvent werden. Andere sind mit ihrem Planungsbüro so zufrieden, dass sie es weiterempfehlen würden. Und nicht selten ist ein Planungsbüro von wenigen Kunden abhängig. Besonders dann stellt sich die Frage: Sind diese Kunden eigentlich mit ihrem Auftragnehmer zufrieden? Was also liegt näher, als die Kundenzufriedenheit zu ermitteln? Auch dazu verweise ich auf das Kapitel Marketing.

Know-how und **Leistungsspektrum** sind die nächsten beiden Faktoren, die eng zusammengehören. Es kommt vor, dass ein Planungsbüro ein beachtliches Wissen hat, das auch von Kunden und Wettbewerbern anerkannt wird. Aber das Leistungsspektrum ist veraltet. So gab es ein Ingenieurbüro, das war absolut anerkannt aufgrund seines Spezialwissens bezüglich Planung und Sanierung von Talsperren. Aber es hatte nicht rechtzeitig erkannt, dass im Einzugsbereich alle Talsperren in Ordnung waren und auch keine neuen mehr gebaut wurden. Nur mit Mühe und stark reduzierter Mannschaft hat dieses Büro es dann geschafft, mit der Tragwerksplanung neu anzufangen. Noch ein Aspekt ist an dieser Stelle wichtig: Sorgen Sie dafür, dass das Wissen auch über die anderen weichen Faktoren nicht nur in einigen Köpfen vorhanden ist, sondern für alle zugänglich dokumentiert wird, und das wiederum ist besonders wichtig, bevor ein Wissensträger aus dem Unternehmen ausscheidet.

Als der wohl wichtigste Erfolgsfaktor gilt die **Mitarbeiterqualifikation**. Deshalb wird der Mitarbeiterführung ein spezielles Kapitel gewidmet, und darin kommt auch vor, was man für die Mitarbeiterzufriedenheit in Form der Motivation tun kann. Über die **Organisation** wurde bereits am Anfang dieses Kapitels gesprochen, und zu den **Werten und Normen** kann auf die Werteorientierung im Abschn. 2.7 verwiesen werden.

Damit komme ich zu zwei Faktoren, die sich ebenfalls auf die Mitarbeiterqualifikation beziehen, und die von vielen für wichtiger gehalten werden als das reine Fachwissen: **Kommunikations- und Kooperationsfähigkeit**. Während die Fähigkeit zur Kommunikation eigentlich die Grundvoraussetzung für die Arbeit im Planungsbüro ist, wird die Kooperationsfähigkeit wegen der zunehmenden partnerschaftlichen Zusammenarbeit

(s. Abschn. 2.12) immer wichtiger. Die Kommunikationsfähigkeit innerhalb der Büros bewirkt das Verständnis bei der Zusammenarbeit ohne Hierarchien in den Projekten. Mit einer Ansammlung von Einzelkämpfern wird das wohl kaum gehen. Da die Planungsbüros nicht so groß sind wie Baufirmen, kommen die Mitarbeiter außerdem öfter in die Situation, nicht nur für ihre spezielle Aufgabe, sondern auch für ihr Unternehmen sprechen zu müssen, z. B. wenn jemand am Telefon etwas wissen möchte, worüber sie sich selbst erst schlau machen müssen, oder wenn ein verärgerter Kunde sich über etwas beschwert, das sie zwar nicht persönlich betrifft, aber ihr Unternehmen. Noch mehr Verantwortung hat der Mitarbeiter eines Planungsbüros, wenn er z. B. auf der Baustelle die Interessen des abwesenden Auftraggebers vertreten muss. Auf die zahlreichen internen und externen Partnerschaften, die auch in kleineren Büros geregelt werden müssen, wurde bereits in Abschn. 2.12 aufmerksam gemacht. Und manche Planungsbüros könnten auch mehr Freundlichkeit am Telefon zu einem weiteren Erfolgsfaktor entwickeln.

Zu einem relativ neuen weichen Erfolgsfaktor entwickelt sich neben der bereits besprochenen Werteorientierung das **soziale Umfeld**. Nachbarn, Kommunalpolitiker, Journalisten, Vereine, die Hochschule, von der die Mitarbeiter gekommen sind, ein nahe gelegener Sportclub, Stiftungen, der Kindergarten, in den die Kinder der Mitarbeiter gehen, spielen immer mehr eine Rolle im sozialen Umfeld der Unternehmen, bis hin zu ehemaligen Mitarbeitern, die man vielleicht doch einmal wieder braucht. Auch darum muss sich im Büro jemand kümmern, z. B. bei einem Tag der offenen Tür oder anlässlich eines Jubiläums. Wer hätte früher schon an so etwas gedacht?

Dass auch die **Perspektiven** eines Planungsbüros (s. Kap. 6) ein zu bewertender Faktor sind, wurde indirekt bereits mit dem Beispiel für die Veralterung des Leistungsspektrums angesprochen. Aber es kommt leider nur selten vor, dass sich Inhaber und Mannschaft ungestört vom Tagesgeschäft zusammensetzen und gemeinsam darüber nachdenken, was das Unternehmen eigentlich in fünf Jahren machen möchte. Wenn das oben beschriebene Unternehmen das gemacht hätte, dann wäre es wahrscheinlich nicht in diese missliche Situation geraten, sondern hätte schon früher die Weichen neu gestellt. Fündig wird man als Planungsbüro oft auch dann, wenn man überlegt, welche bereits vorhandenen und welche potentiellen Auftraggeber in Zukunft größere Auftragschancen erwarten lassen. Schließlich ist es auch eine Aufgabe der Standesorganisationen, zu erkunden, welche Perspektiven sich für die Branche ergeben, und ein bisschen hat auch das nachfolgende Frühwarnsystem damit zu tun.

3.13 Das Frühwarnsystem

Früher in der Schule gab es einen blauen Brief, wenn die Versetzung gefährdet war. Die Regierungen der Europäischen Union bekommen einen „blauen" Brief, wenn das Stabilitätsziel des Euro wahrscheinlich nicht eingehalten werden kann. Die an der Börse notierten Unternehmen geben eine Gewinnwarnung heraus, wenn das Ertragsziel für ein bestimmtes Quartal möglicherweise nicht erreicht wird. Für manche Unternehmen, die vom Wetter abhängen, ist die Wettervorhersage als Kurzfristindikator wichtig. Für Planungsbüros, deren Ergebnis gefährdet oder gar bedroht erscheint, gibt es noch kein allgemeines Frühwarnsystem.

Viele haben auch schon deswegen kein Frühwarnsystem, weil sie Angst vor schlechten Nachrichten haben. Aber allmählich finden nun doch immer mehr einen Ansatzpunkt für ihr Frühwarnsystem, und das ist das bereits beschriebene Projekt-Controlling mit Hilfe einer Standard-Software. Dadurch erfolgt eine Warnung dann, wenn ein Projekt gefährdet ist. Aber damit erschöpft sich ein Frühwarnsystem nicht, und zwar insbesondere dann nicht, wenn man einsieht, dass ein solches System nicht nur auf Risiken aufmerksam machen soll, sondern auch auf Chancen, die man sonst verpassen würde.

Nicht alle Risiken kann man vermeiden, denn sonst gäbe es auch keine Chancen mehr. Das erkennt man deutlich bei der Unternehmensbewertung, denn dabei wird der Kapitalisierungszinsfuß (s. Abschn. 2.14) neben dem Ansatz für die Zinsen durch den Zuschlag für das unternehmerische Wagnis gebildet. Hinweise erhält man auch durch die Frühindikatoren der Wirtschaft für die verschiedenen Wirtschaftszweige, die in speziellen Zeitschriften veröffentlich werden. Aber damit können die Planungsbüros relativ wenig anfangen. Konkreter wird es, wenn es um Förderprogramme am Bau geht oder um neue Rahmenbedingungen z. B. zur Energieeinsparung, die beachtet bzw. beobachtet werden müssen. Konkret könnte auch der vierteljährlich wiederkehrende Bericht des Steuerberaters sein. Aber der macht sich normalerweise leider nicht die Mühe, nur das mitzuteilen, was das jeweilige Unternehmen auch betrifft, sondern schreibt alles an alle, und das liest natürlich keiner mehr.

Eindeutiger sind Signale, die von den Kunden ausgehen, z. B. plötzlich ausbleibende Aufträge, die sonst immer kamen, oder eine sich deutlich verschlechternde Zahlungsmoral (s. Abschn. 3.15).

Signale gehen auch von den Wettbewerbern aus, z. B. wenn einer von ihnen zunehmend erfolgreicher oder von einem anderen aufgekauft wird. So etwas hat meistens Einfluss auf die eigene Marktsituation. An dieser Stelle sind deshalb auch die Mitarbeiter gefordert, solche Informationen weiterzugeben.

Schließlich gibt es Signale aus dem eigenen Unternehmen. Das gilt z. B. für die Aufforderung aus dem Controlling, rechtzeitig eine Abrechnung herauszuschicken oder auf die Verfügbarkeit eines Mitarbeiters nach Beendigung seiner Arbeit an einem Projekt hinzuweisen, der sonst nichts mehr zu tun hätte. Wenn das Alter der Ansprechpartner sowie Entscheidungsträger bekannt ist (s. Abschn. 4.2), dann kann das Frühwarnsystem auch rechtzeitig auf einen bevorstehenden oder zumindest zu vermutenden Wechsel aufmerksam machen. Manche Chefs brauchen auch noch die rechtzeitige Erinnerung der Sekretärin bezüglich der Teilnahme an der Jubiläumsfeier eines wichtigen Kunden.

Gut aufgestellt für das interne Frühwarnsystem sind Planungsbüros, die über die wichtigsten Kennzahlen (s. Abschn. 3.11) verfügen und sich auf diese Weise mit dem Durchschnitt ihrer Branche vergleichen können (s. Abb. 3.10).

Abb. 3.10 Risikomanagement **Monatlich**

- Projektstunden (in Prozent der Sollstunden)

- Betriebsbedingte Allgemeinzeiten (in Prozent der Sollstunden)

- Auftragsbestand (in Euro)

- Außenstände (in Euro)

- Liquidität (in Euro)

- Überprüfung (Aktualisierung) des Internet-Auftritts

Jährlich

- Umsatz pro Mitarbeiter (in Euro)

- Anteil Personalkosten (in Prozent der Gesamtkosten)

- Anteil Fremdleistungen (in Prozent der Gesamtkosten)

- Anteil Sachkosten (in Prozent der Gesamtkosten)

- Gemeinkostenfaktor

- Bürostundensatz (in Euro)

- Arbeitsproduktivität (in Euro)

- Deckungsbeiträge der Fachgebiete und gegebenenfalls Filialen (in Euro)

- Auftragserfolg (Angebote pro Auftrag)

- Umsatzrendite (in Prozent)

- ABC-Analyse (Kundenranking)

- Mitarbeitergespräche mit Zielvereinbarungen

3.14 Benchmarking

Der Betriebskostenvergleich als Basis für das Benchmarking hat in der Branche schon eine längere Tradition. Die ersten Erhebungen wurden bereits im Jahr 2000 durchgeführt und es gab schon im Jahr 2001 ein Buch dazu [6]. Danach haben VBI, BDB, AHO sowie UNITA regelmäßige Befragungen durchgeführt, die zu entsprechenden Betriebskostenvergleichen führten. Dabei wurden die Honorare, die Kosten sowie die Beschäftigungssituation erfasst und die Kennzahlen daraus ermittelt.

Benchmarking im engeren Sinne bedeutet, dass man sich mit den Besten seiner Branche vergleicht. Das ist allerdings bei einer so großen Zahl von Mitbewerbern nur bedingt möglich. Deshalb ist es zu begrüßen, dass es den Betriebskostenvergleich gibt, der einen Vergleich des einzelnen Unternehmens mit dem Gesamtdurchschnitt und mit dem Durchschnitt der jeweiligen Größenklasse ermöglicht. Wer selbst daran teilnimmt (durch Ausfüllung des Fragebogens), kann auch eine individuelle Auswertung anfordern.

Das kann man aber auch selbst machen, wenn man Folgendes dabei beachtet: Zunächst ist es erforderlich, dass die individuellen Kennzahlen in der gleichen Weise ermittelt

Controlling

1. Wie viel Umsatz (netto ohne Mehrwertsteuer) machen Sie
   pro Mitarbeiter (alle ohne Azubis aber mit Inhaber,
   gegebenenfalls unter Berücksichtung von Teilzeitkräften und
   ohne Freie Mitarbeiter)?   .... €

2. Wie hoch sind Ihre Gesamtkosten?   .... €

3. Welche absoluten Personalkosten (einschließlich Sozialabgaben
   und Inhabergehalt) haben Sie pro Mitarbeiter   .... €

4. Wie hoch ist der prozentuale Anteil der Personalkosten an den
   Gesamtkosten (jeweils einschließlich Geschäftsführergehalt
   beziehungsweise kalkulatorischem Unternehmerlohn)?   .... %

5. Welchen Anteil haben die Fremdleistungen (von Freien Mitarbeitern
   und Subunternehmern) an den Gesamtkosten?   .... %

6. Welcher Anteil verbleibt demzufolge für die Sachkosten (Bürokosten,
   Reisekosten, Akquisition, Weiterbildung, Zinsen und Abschreibungen)?   .... %

7. Welche Sollarbeitszeit pro Jahr gilt in Ihrem Büro (bei einer
   40-Stunden-Woche sind das zum Beispiel 2.088 Stunden),
   gegebenenfalls zuzüglich (bezahlter) Überstunden?   .... h

8. Wie viel Stunden davon entfallen auf sozialbedingte Ausfallzeiten
   (Urlaub, Krankheit, Feiertage)?   .... h

9. Und wie viel Stunden fallen im Jahr für betriebsbedingte nicht
   projektbezogene Zeiten (zum Beispiel Besprechungen, Weiterbildung,
   Selbstorganisation, Akquisition) an?   .... h

10. Welchen Anteil repräsentieren die kaufmännischen Mitarbeiter an
    der Gesamtzahl der Mitarbeiter?   .... %

11. Für wie viel Monate Beschäftigung sorgt der derzeitige Auftrags-
    bestand?   .... mt

12. Wie viel Angebote müssen Sie ausarbeiten, um einen neuen
    Auftrag zu bekommen?   ....

13. Wie hoch ist Ihre Fluktuationsrate
    (Abgänge + Zugänge im Jahr)?   ....

Abb. 3.11 Controlling [7]

werden wie diejenigen aufgrund der Befragung. Welche falschen Schlüsse sonst aus dem
Vergleich gezogen werden könnten, wurde am Beispiel des Gemeinkostenfaktors bereits
erklärt, und als Anleitung dafür wird das Vorgehen in Abb. 3.11 vorgeschlagen. Als Erstes
ist darauf zu achten, dass nicht nur eine Kennzahl herausgegriffen wird und daraus bereits
Schlüsse gezogen werden. Warum? Bestimmte Zusammenhänge sind systembedingt.
Deshalb kann es sein, dass sich manche Unterschiede „von selbst" beantworten. Wenn
jemand z. B. regelrecht erschrocken ist, dass sein Umsatz pro Mitarbeiter lediglich 80
TEUR beträgt, während im Durchschnitt der Branche mehr als 90 TEUR erreicht werden,

dann aber feststellt, dass er auch nur absolute Personalkosten von 40 TEUR hat, gegenüber rd. 50 TEUR im Branchendurchschnitt, dann ergibt sich schon dadurch ein entsprechender wirtschaftlicher Ausgleich.

Ein ähnlicher Zusammenhang besteht zwischen den Personalkosten und den Fremdleistungen. Nehmen wir an, ein Büro hat einen besonders hohen Anteil der Fremdleistungen, nämlich 30 % und der Personalkostenanteil beträgt nur knapp 50 %. Dann ist das nicht ein Grund zur Freude, denn bei einem Anteil von lediglich 15 % Fremdleistungen hätte auch dieses Büro einen Personalkostenanteil von rd. 63 %.

Schließlich fällt es manchen Unternehmen schwer, das bisherige „selbst gestrickte" Kennzahlensystem, auf das man zu Recht stolz ist, aufgeben und eine Methode zu übernehmen, die auch das Benchmarking ermöglicht. Das ist so ähnlich wie bei der Standard-Software für das Controlling. Erst sind viele Mitarbeiter dagegen, aber nach einer gewissen Zeit will sie keiner mehr missen. Es gibt z. Zt. auch kaum ein anderes System, das eine ähnlich plausible Überprüfung der Wirtschaftlichkeit erlaubt, und zwar mit folgenden Konsequenzen:

- Wenn Ihr Bürostundensatz unter 55 € liegt, dann kann es sein, dass Ihre Arbeitsproduktivität nicht gut genug ist oder die Zeiterfassung nicht richtig war. Deshalb sollte das Zustandekommen dieser Kennzahl überprüft werden.
- Wenn Ihre technischen Mitarbeiter weniger als 70 % Projektstunden machen, dann haben Sie zu wenige Aufträge für die Auslastung der Mannschaft oder Sie leisten sich zu viel unbezahlte Arbeit. Deshalb sollte überlegt werden, wie die betriebsbedingten Allgemeinzeiten reduziert werden können.
- Wenn Ihr Gemeinkostenfaktor höher als 3 ist, dann liegt das z. B. an zu geringen Projektstunden oder an zu hohen Verwaltungskosten oder auch daran, dass überdurchschnittlich viele Fremdleistungen bezogen wurden. Deshalb bedarf es einer entsprechenden Analyse.
- Wenn Ihre absoluten Personalkosten über dem Durchschnitt liegen, dann haben Sie entweder zu teure Mitarbeiter oder Sie kompensieren dies durch bessere Erlöse bzw. größere Effizienz bei der Leistungserbringung. Deshalb erscheint eine Überprüfung der Vergütungsstruktur sinnvoll, und auch dazu finden Sie Anregungen im Betriebskostenvergleich.
- Wenn Sie mehr als 85 % der von Ihnen erbrachten Leistung selbst machen, dann haben Sie möglicherweise noch ein Einsparpotential. Deshalb sollte darüber nachgedacht werden, ob ein größerer Einsatz von Fremdleistern Kostenvorteile erbringen würde.
- Wenn Ihr Sachkostenanteil mehr als 25 % an den Gesamtkosten beträgt, dann kann das z. B. an zu hohen Mieten oder Reisekosten liegen. Deshalb kann es sich lohnen, die Ursachen dafür zu ergründen.
- Wenn der Anteil ihrer kaufmännischen Mitarbeiter höher als 15 % an der gesamten Mannschaft ist, dann leisten Sie sich einen zu großen Verwaltungsapparat. Deshalb sollte überprüft werden, ob Teile dieser Tätigkeiten nicht besser (kostengünstiger) ausgelagert werden können. So gibt es beispielsweise immer noch Planungsbüros, die

einen Hausmeister oder eine Reinigungshilfe als Beschäftigte mit Teilzeit fest angestellt haben.

- Wenn Ihre Fluktuationsrate höher als 20 % ist, dann verursacht das überdurchschnittliche Kosten aufgrund des Know-how-Verlustes und der Einarbeitungskosten. Deshalb sollte geklärt werden, ob diese Situation nur einmalig aufgrund erklärbarer Umstände zustande gekommen ist, oder aber immer wieder auftritt.
- Wenn die Erfolgsquote bei der Auftragserteilung unter dem Durchschnitt liegt, dann kann das daran liegen, dass Sie sich mehr als andere Planungsbüros um Aufträge über die EU bewerben, oder auch daran, dass Sie gar nicht merken, was das kostet. Deshalb sollte geprüft werden, ob wirklich so viele Angebote erforderlich sind, ohne dadurch einen Imageverlust zu erleiden.
- Wenn Ihr Auftragsbestand geringer als der Durchschnitt ist, dann kann es sein, dass Sie diesen Wert anders ermitteln. Deshalb schauen Sie sich die Definition an, wonach auch Aufträge gemeint sind, die noch gar nicht begonnen haben. Danach kann sich ergeben, dass Sie nicht unter dem Durchschnitt liegen.
- Wenn Ihre Außenstände auch durchschnittlich hoch oder gar darüber sind, dann kümmern Sie sich zu wenig um die fristgerechte Bezahlung Ihrer Leistungen. Deshalb erfolgt im Anschluss eine gesonderte Darstellung dieser Situation.
- Wenn der Anteil der Weiterbildungskosten bei Ihnen auch geringer als 1 % der Gesamtkosten sein sollte, dann befinden Sie sich zwar in „guter" Gesellschaft mit Ihren Branchenkollegen, aber Sie setzen damit Ihre Chancen für die Zukunft aufs Spiel.
- Wenn im Endeffekt bei Ihnen eine Umsatzrendite von z. B. 5 % auf längere Sicht herauskommt, dann würde das zwar in etwa dem Durchschnitt entsprechen, aber dieser Wert ist dann doch zu unterschiedlich, um einen Durchschnitt als allgemeine Erkenntnis zu vermitteln, zumal diese Kennzahl nicht erfragt wird, sondern aufgrund der Angaben zu Kosten und Erlösen berechnet wird. Deshalb ist es insoweit ausnahmsweise sinnvoller, diesen Wert mehr mit der eigenen Situation im Vorjahr zu vergleichen, oder auch – wenn Sie diese schon haben – mit den Planzahlen der nächsten drei Jahre.

Auch für diese umfassende Analyse der wirtschaftlichen Situation sollten Sie sich der schon erwähnten Standard-Software für Büromanagement, Dokumentenmanagement, Projektcontrolling und Unternehmenscontrolling bedienen, die Sie unter dem Sammelbegriff Büro- und Management-Software für Planungsbüros (BMSP) finden.

Das Benchmarking als Betriebskostenvergleich ist also eine besonders nützliche Hilfe zur besseren Erkennung der eigenen Stärken und Schwächen. Deshalb ist zu begrüßen, wenn diese Kennzahlen auch in Zukunft zur Verfügung stehen, weiterhin auch genügend Teilnehmer an der Befragung für eine Differenzierung nach Unternehmensgrößen sorgen und neue Veröffentlichungen z. B. der Praxisinitiative erfolgreiches Planungsbüro (PeP) zur Kenntnis genommen werden.

3.15 Das Forderungsmanagement

Die schlechte Zahlungsmoral der Kunden wird für die Branche der Ingenieur- und Architekturbüros mittlerweile zu einem Dauerproblem. Aufgrund der regelmäßigen Betriebskostenvergleiche pendeln sich die ausstehenden Forderungen im Durchschnitt bei 13 bis 15 % des Jahresumsatzes ein. Die meisten machen sich nicht klar, was das liquiditätsmäßig für das Unternehmen bedeutet. Deutlicher wird das, wenn man bedenkt, dass die ausstehenden Forderungen dem Aufwand für knapp drei Jahresgehälter entsprechen. Hinzu kommt noch eine Vorfinanzierung von Mieten, Gehältern und Fremdleistungen bis zur Rechnungslegung. Manche vergessen auch noch, rechtzeitig eine Abschlagszahlung anzufordern. Es muss also etwas passieren.

Es gibt zwar neuerdings die Initiative von Einzugsgesellschaften (s. Abschn. 2.10), die den Planungsbüros das sog. Factoring anbieten, wobei die Forderungen gegen einen geringen Abschlag an diese Gesellschaft verkauft werden, die dann diese Beträge mit Mahnverfahren eintreibt, oder sie fordern als Inkasso-Unternehmen offene Forderungen im Auftrag des Büros beim Auftraggeber ein. Architekten und Ingenieure haben bisher noch Hemmungen, ein solches Verfahren einzuleiten, weil sie befürchten, damit die Geschäftsbeziehung mit den betreffenden Kunden zu gefährden.

Dennoch, auch in vielen Planungsbüros muss ein Forderungsmanagement aufgebaut werden, zwar nicht mit dem Modell: 1. Mahnung, 2. Mahnung, Anwalt, Prozess, wohl aber in einer mehr kundenorientierten und auch besser organisierten Form. Beginnen sollte man damit, die Rechnungen und Abschlagszahlungen, die zwischendurch bei Erfüllung bestimmter Voraussetzungen fällig werden, rechtzeitig herauszuschicken und dabei zu prüfen, dass alle Angaben korrekt sind, denn sonst könnte ein Kunde sogar im Recht sein, wenn er die Zahlung zurückhält, und vergessen Sie schließlich nicht, das Fälligkeitsdatum anzugeben.

Auch damit ist das Problem natürlich noch nicht gelöst. Zwar brauchen die Planungsbüros bei öffentlichen Auftraggebern keine umfassende Bonitätsprüfung durchzuführen, aber sie zahlen nun mal leider langsam, und in der Begeisterung darüber, einen großen Auftrag im Wettbewerb von einem bisher nicht bekannten privaten Auftraggeber ergattert zu haben, unterbleibt die objektive Bonitätsprüfung auch. Leider hört man oft, dass so etwas mit schlimmen Folgen geendet hat. Ansonsten sind es oft dieselben Kunden, die immer wieder bei den Spätzahlern auftauchen.

Daraus wiederum folgt, dass man den Forderungsbestand regelmäßig analysieren sollte. Dabei wird man feststellen, dass es neben den „notorischen" Kandidaten auch solche gibt, bei denen das nur selten vorkommt, und die einen bestimmten Grund dafür haben, z. B. weil deren Kunden nicht zahlen. Solche Fälle kann man nur individuell durch besondere Vereinbarungen klären. Für die anderen braucht man eine Strategie, und die besteht darin, dass man eine systematische Vorgehensweise auf der Basis persönlicher (Telefon-) Gespräche aufbaut, nachdem man zunächst einen freundlichen Brief mit einer allgemeinen

Information und dem Hinweis auf die ausstehende Zahlung am Schluss geschrieben hat. Wenn auch danach noch nichts passiert, sollte man das persönliche Gespräch suchen, manchmal sinnvollerweise auch zunächst mit der Sekretärin. Dabei werden Sie wahrscheinlich Gründe hören, die Sie schon kennen. Dann kann es sinnvoll sein, einen Vorschlag zur Ratenzahlung in zwei oder drei Schritten zu unterbreiten, auf dem man dann allerdings auch unmissverständlich bestehen muss. Meistens funktioniert das dann, vielleicht noch einmal mit einer Erinnerung zwischen den Ratenzahlungen. Schließlich noch ein Tipp: Wenn sie aufgrund Ihrer Erfahrungen schon bei der Auftragserteilung wissen, dass der Auftraggeber ein schwieriger Zahler ist, dann bieten Sie von vornherein eine Zahlung in zwei Schritten an. Denn dann haben Sie wenigstens die Zeit gespart, die sonst doch wieder durch das übliche Verfahren bis zu dieser Situation vergehen würde. Wenn ein solcher Schuldner ein Bekannter ist, bei dem Sie Hemmungen haben, ihm auf die Füße zu treten, dann übertragen Sie diese Aufgabe an einen Mitarbeiter, der seinerseits einen Kollegen beim Kunden herausfindet, den er darauf ansprechen kann.

Ergebnis: Wirtschaftlichkeit messen – Erfolg steuern Wenn man weiß, welches die Kriterien sind, die die Wirtschaftlichkeit eines Planungsbüros bestimmen, wie sie gemessen werden und wie man sie während der Leistungserbringung mit Hilfe entsprechender Instrumente steuern kann, dann muss man das Ergebnis nicht mehr dem Bauchgefühl oder dem Zufall überlassen.

Was man außerdem braucht, sind klar geregelte Zuständigkeiten und Verantwortungen, eine exakte und aktuelle Zeiterfassung sowie die Bereitschaft zur Kalkulation, denn ohne Vorgaben kann man nichts kontrollieren.

Wenn Sie schließlich im Rahmen des Benchmarkings Ihre Kennzahlen mit den entsprechenden Werten des Betriebskostenvergleichs für Ihre Branche abgleichen, dann erhalten Sie wichtige Anregungen für die Verbesserung Ihrer wirtschaftlichen Situation und Sie erwerben sich damit zugleich den Status eines betriebswirtschaftlich geführten Unternehmens.

Akquisition und Kommunikation

4

4.1 Der Markt

Architekten und Ingenieure müssen etwas verkaufen, das es noch nicht gibt – doch wie machen sie das? Denn diese Erkenntnis macht die Aufgabe nicht gerade einfacher, aber auch verständnisvoller, sonst würden die Maßnahmen zur Akquisition und Kommunikation oder für das Marketing (das ist nur ein anderer Ausdruck dafür) nicht wirken.

Genauso wenig, wie es „das" Planungsbüro gibt, gibt es auch „den" Markt. Man kann eher von einer Mehrzahl fachlich, regional und objektbezogen unterschiedlicher Teilmärkte sprechen. Auf der Angebotsseite befinden sich, neben den anderen Dienstleistern, die Planungsbüros. Deshalb konkurriert auch nicht jeder mit jedem anderen. Wer z. B. das Fachgebiet Technische Ausrüstung anbietet, offeriert in der Regel nicht gleichzeitig den Konstruktiven Ingenieurbau, wer sich auf den Einzugsbereich von 200 km rund um Köln konzentriert, wird sein Angebot normalerweise nicht nach München ausdehnen, wer sich auf die Planung von Krankenhäusern spezialisiert hat, wird kaum auf die Idee kommen, auch Bahnhöfe zu planen, und manche haben nicht die Kapazität oder Qualifikation, um sich für einen großen Auftrag zu bewerben. Einige suchen ihre Aufträge für Gebäude, deren Umnutzung ansteht, und können auch aus einer brachliegenden Kaserne oder einem alten Bahnhof noch etwas Sinnvolles machen, oder sie haben sich im Gegenteil auf die Erhaltung von Baudenkmälern spezialisiert.

Auf der Nachfrageseite befinden sich die öffentlichen, gewerblichen und privaten Auftraggeber, die sich bei der Auftragsvergabe von Projektsteuerern oder Projektmanagern unterstützen lassen, und immer öfter treten auch professionelle Investoren auf, die das Projekt zwar nur zeitweise betreiben und anschließend an den Nutzer übergeben, die aber die Auftraggeber der Planungsbüros sind.

Veränderungen bzw. Trends gibt es auf beiden Seiten. So ist generell festzustellen, dass die Aufträge schon seit längerer Zeit mehr im Bestand vergeben werden und weniger für Neubauten, dass Umweltschutz sowie Energiesparsamkeit bei allen Projekten eine größere

© Springer Fachmedien Wiesbaden GmbH 2017

D. Goldammer, *Betriebswirtschaft für Architekten und Bauingenieure*,

DOI 10.1007/978-3-658-16462-1_4

Rolle spielen und dass der Wunsch der Auftraggeber nach mehr Komplettleistungen bei den Auftragnehmern zu mehr Kooperationen mit anderen Teil-Leistern führt.

Neuere Formen der Zusammenarbeit verbreiten sich immer mehr. Das gilt besonders für das Contracting und das Facility-Management. Contracting ist die vertraglich geregelte Energieerzeugung und Energieversorgung eines Dienstleistungsunternehmens, an dem auch die Planer beteiligt sind, meistens auf dem Gelände des betreffenden Kunden. Unter Facility-Management verstehen die meisten die technische sowie kaufmännische Betriebsführung bestehender Anlagen und Gebäude, woran sich ebenfalls Planer beteiligen. Die Formen neuerer Zusammenarbeit werden schließlich abgerundet durch Public-Private-Partnerships (PPP) bzw. Öffentlich-Private-Partnerships (ÖPP), die in Ziffer 2.12 bereits beschrieben wurden.

Beeinflusst wird das Marktgeschehen auch durch ständig neue Rahmenbedingungen nicht nur zur HOAI, sondern z. B. durch Energiesparverordnungen oder den zwangsläufigen Einsatz bestimmter Gutachter. Besonderen Einfluss haben inzwischen auch die zahlreichen Fördermaßnahmen, die es bei größeren Planungsbüros bereits erforderlich erscheinen lassen, einen eigenen Experten dafür zu haben, damit die sich daraus ergebenden Chancen für die Projekte der Kunden und potentiellen Kunden nicht verpasst werden. So wird es auch in Zukunft Möglichkeiten zum Aufbau eines neuen Betätigungsfeldes für die Planungsbüros geben. Das geht allerdings nur individuell und darüber wird im letzten Kapitel berichtet.

Schließlich gibt es auch auf diesem Markt konjunkturelle Einflüsse und auch diese wirken sich unterschiedlich aus. So haben beispielsweise von der Finanz- und Wirtschaftskrise (2008/2009) manche Büros überhaupt nichts gemerkt, während andere mit erheblichen wirtschaftlichen Problemen zu kämpfen hatten, und das wiederum waren diejenigen, deren Kunden stark davon betroffen waren.

4.2 Kundenwissen

Was wissen die Planungsbüros von ihren Kunden? Die Antwort auf diese Frage ist eindeutig: Zu wenig! Deshalb müssen noch viele ein Kundeninformationssystem aufbauen bzw. komplettieren. Am besten geht das, indem nur Fragen gestellt werden, denn beantworten muss diese ohnehin jeder selbst. Aber auf diese Weise kann dafür Sorge getragen werden, dass nichts vergessen wird, und natürlich muss erklärt werden, was damit gemeint ist. Die Fragen lauten wie folgt:

- Wie lauten der richtig geschriebene Name und der korrekte Titel?
- Wer ist Ansprechpartner und wer ist Entscheidungsträger?
- Wie alt sind die handelnden Personen?
- Wie lange arbeiten Sie schon mit dem Kunden zusammen?
- Wie viel Aufträge hat er Ihnen schon erteilt?
- Kennen Sie den Wert des Kunden?
- Gibt es einen bestimmten Planungszyklus?

- Mit welchen Planungsbüros arbeitet er außerdem zusammen?
- Wie pünktlich zahlt er seine Rechnungen?
- Ist er besonders kritisch oder eher „pflegeleicht"?
- Wann wurde der letzte Auftrag erteilt?
- Welche Erwartungshaltung hat der Kunde?
- Ist er als Multiplikator ansprechbar?
- Welchen Einfluss hat er in seiner Branche?
- Wer sind die Kunden Ihres Kunden?
- Gibt es Tendenzen für einen Wandel?
- Welche Meinung hat der Kunde über Sie?
- Ist der Kunde von jemandem abhängig?
- Und/oder sind Sie von ihm abhängig?

Für die Beantwortung dieser Fragen gibt es folgende Hilfestellung:

Viele wissen nicht, warum der richtig geschriebene Name so wichtig ist und geben sich deshalb keine Mühe damit. Aber der eigene Name ist das Lieblingswort der meisten Menschen. Ähnliches gilt für den Titel, jedenfalls in Deutschland und in Österreich. Bisweilen muss man auch noch aufpassen, den Namen richtig auszusprechen, auch darauf legen manche Leute wert. Am besten wäre es, Sie machen insoweit gleich einen Check-Up aller Kontaktadressen und achten darauf, dass alle im Büro das richtig machen.

Als Nächstes sollte man wissen, wer bei den Kunden Ansprechpartner und wer Entscheidungsträger ist. Warum? In vielen Fällen ist das nicht dieselbe Person. Mit beiden muss man unterschiedlich umgehen, denn es kann sein, dass Sie den Ansprechpartner zwar überzeugt haben, aber noch nicht den Entscheidungsträger, so dass Sie den Ansprechpartner bei seinem Chef unterstützen müssen, damit Sie den Auftrag bekommen. Wichtig kann es auch werden, das Alter der Leute zu kennen, und zwar zum einen, damit sich die Mitarbeiter besser auf ihren Gesprächspartner einstellen können. Zum anderen aber auch deshalb, weil man auf diese Weise rechtzeitig erkennen kann, wann ein Wechsel bei diesem Kunden ansteht, der möglicherweise mit einem Wechsel in den eigenen Reihen korrespondiert, und für die weitere Zusammenarbeit ist es entscheidend, rechtzeitig den Nachfolger kennenzulernen.

Bei der Frage, wie lange die Zusammenarbeit schon besteht, ist es nicht selten, dass jüngere Inhaber auf die vorhergehende Zusammenarbeit mit ihrem Vater hinweisen können, und sie sehen das natürlich positiv. Warum auch nicht, Tradition ist auch in der jetzigen Zeit noch etwas Wertvolles. Daran schließt sich direkt die Frage nach der Anzahl der Aufträge oder besser dem Wert dieser Aufträge in dieser Zeit an. Vielleicht kommen einige dann sogar auf die Idee, solchen treuen Kunden einen Brief zu schreiben und sich für dieses Vertrauen zu bedanken. Das ist keine aufdringliche Werbung, sondern eine Anerkennung und möglicherweise wird man daraufhin eingeladen, doch mal wieder über ein gemeinsames Projekt zu sprechen.

Der Wert der Kunden wird gleich im Anschluss noch gesondert untersucht, und ob es einen bestimmten Planungszyklus für die geplanten Projekte im nächsten Jahr gibt, um die man sich rechtzeitig bewerben muss, findet man schnell heraus. Meistens geschieht

das im September/Oktober, und zwar sowohl bei gewerblichen als auch öffentlichen Auftraggebern. Schwieriger ist es dagegen, zu erfahren, mit welchen anderen Planungsbüros
ein Kunde außerdem zusammenarbeitet und vor allem warum. Soweit es sich dabei um
Leistungen handelt, die man selbst nicht anbietet, kann einem das noch relativ egal sein,
aber nicht im Wettbewerb, und wer dabei im konkreten Fall nicht zum Zuge gekommen
ist, sollte nicht auf sein Recht pochen, den Grund dafür zu erfahren, denn das reduziert
die Aussichten für das nächste Mal noch mehr. Stattdessen sollte versucht werden, das auf
andere Weise herauszufinden, z. B. mit Hilfe der Mitarbeiter und ihrer Kontakte.

Einfach ist es hingegen, festzustellen, welcher Kunde immer wieder ein unpünktlicher
Zahler seiner Rechnungen ist. Umso schwieriger ist es aber, das zu ändern. Was man dabei
machen kann, wurde in Abschn. 3.15 beschrieben. Zu beurteilen, ob jemand besonders
kritisch ist, ist eine Erfahrungssache. Man muss lernen, damit umzugehen und insbesondere neue Mitarbeiter, die mit ihm zu tun haben, entsprechend informieren. Die Frage,
wann jeweils der letzte Auftrag erteilt wurde, soll zu einer Art Wiedervorlage-System
animieren, damit man merkt, wann ein Kunde abzuwandern droht (s. auch Abschn. 4.16
„Gefährdete Kundenbeziehungen").

Zu den Erwartungshaltungen der Kunden zählen neben dem Informationsbedürfnis
z. B. in Form eines Kundeninformationsbriefes (s. Abschn. 4.12 „Selbstdarstellung") oder
bestimmten Umgangsformen, die von allen beachtet werden müssen, auch bestimmte
Anlässe zum Feiern, also runde Geburtstage und Jubiläen der nach außen auftretenden
Personen. Das rechtzeitig zu erfahren, ist nicht besonders schwierig, das nicht zu vergessen dagegen schon. Deshalb wurde beim Frühwarnsystem (s. Abschn. 3.13) vorgeschlagen, auch an solche Termine jeweils vorher zu erinnern.

Die besten Kunden sind normalerweise diejenigen, die mit den Leistungen ihres Planungsbüros so zufrieden sind, dass sie bereit sind, ihre Zufriedenheit gegenüber potentiellen Kunden, die sich die Auftragserteilung noch überlegen, zu bestätigen. Bei solchen
Multiplikatoren muss man sich natürlich auch einmal bedanken. Eine interessante Frage
besteht auch darin, ob ein Kunde Einfluss in seiner Branche hat, z. B. durch eine leitende
Funktion im Verband oder in der Standesorganisation. Wenn man ihn als Auftraggeber hat,
spricht das jedenfalls in Ihrer Branche auch für Sie.

Denken Sie bitte auch einmal darüber nach, wer eigentlich die Kunden Ihrer Kunden
sind. Denn meistens sind nicht die Auftraggeber die Nutzer, sondern deren Mitarbeiter,
die Autofahrer, die Besucher eines Hallenbades oder die Patienten eines Krankenhauses.
Deshalb sind Architekten und Bauingenieure dann besonders erfolgreich, wenn sie sich in
die Wünsche und Bedürfnisse dieser Nutzer hineindenken können. Das führt dann auch
zur Zufriedenheit der Auftraggeber. Deutlich wird diese Vorgehensweise am Beispiel des
Architekten Renzo Piano, der bei der Einweihung eines von ihm entworfenen Büropro-
jektes erklärt hat, er versuche sich immer vorzustellen, selbst in einem Gebäude zu leben
oder zu arbeiten, das er für andere plane. Wahrscheinlich ist das auch ein Grund seines
Erfolges. Nur wird es nicht so einfach sein, das nachzumachen, zumal die Wünsche der
Nutzer aus Kostengründen nicht immer erfüllt werden können.

Wie man erkennt, ob es bei einem Kunden Tendenzen für einen Wandel gibt und
was man dann machen oder auch nicht mehr machen kann, wird bei den gefährdeten

Kundenbeziehungen (Abschn. 4.16) noch beschrieben, und wie man die Meinung der Kunden über das eigene Unternehmen erkundet, erfahren Sie in Abschn. 4.5.

Hier soll aber noch auf den Aspekt der Abhängigkeit eingegangen werden. Wenn ein Auftraggeber seinerseits von einem Konzern oder einer Oberbehörde abhängig ist, ohne deren Zustimmung er seine Entscheidung für die Auftragsvergabe nicht treffen kann, so muss man das natürlich auch wissen. Dann kann es erforderlich werden, auch diesen eigentlichen Entscheider in die Akquisitionsbemühungen einzubeziehen. Nur sollte man dabei nicht den Fehler machen, den direkten Ansprechpartner zu übergehen. Das verzeiht dieser nicht. Bleibt schließlich die Frage, ob das Planungsbüro abhängig ist von bestimmten Kunden. Das ist gar nicht so selten der Fall und tritt in der Regel dann ein, wenn 80 % des Umsatzes von 20 % der Kunden erbracht werden. Das sind dann auch diejenigen, um die man sich besonders kümmern muss.

4.3 Kundenanalyse

Nachdem bereits darüber berichtet wurde, was man von seinen Kunden alles wissen sollte und wie man sich dieses Wissen erarbeiten kann, soll jetzt beschrieben werden, wie man die Kunden in Form der Kundenanalyse bewerten kann. Eine Möglichkeit ergibt sich aus Abb. 4.1. Einige darin vorkommende Kriterien wurden bereits erklärt. Das gilt auch für den Deckungsbeitrag, hier allerdings bezogen auf einen Kunden. Mit „Häufigkeit" ist die „angenehme" Situation gemeint, dass dieser Kunde immer wieder als Auftraggeber

Bewerten Sie Ihre Kunden nach:

	sehr gut	gut	mittel- mäßig	schlecht	sehr schlecht
Umsatz					
Deckungsbeitrag					
Bonität					
Zahlungsmoral					
Häufigkeit					
Cross-Selling-Potential					
Zukunftspotential					
Beziehungen					
Selbstständigkeit					
Multiplikatoreffekt					

Abb. 4.1 Kundenanalyse

auftritt und hinter dem Cross-Selling-Potential verbirgt sich die Frage, ob dieser Kunde auch Aufträge in einem weiteren von diesem Planungsbüro ebenfalls angebotenen Fachgebiet vergeben könnte, was aber bisher noch nicht vorgekommen ist.

Über Zukunftspotential verfügen solche Kunden, die an der technischen Entwicklung beteiligt sind. Man denke dabei z. B. an den demografischen Wandel oder regionale Strukturprojekte. Diese Bewertung korrespondiert mit dem rechten oberen Kasten in der nächsten Abb. 4.2, und mit Beziehungen sind hier solche der Kunden gemeint, von denen aber auch das Planungsbüro profitieren könnte, z. B. die Kontakte eines Bauunternehmens zum örtlichen Baudezernenten. Selbständigkeit hingegen bedeutet – wie bereits bei der Diskussion über die Abhängigkeit erklärt –, dass der Kunde selbständig und unabhängig über seine Aufträge entscheiden kann.

Am besten wäre es, wenn man zunächst für alle Kunden eine solche Bewertung durchführen würde und anschließend mit Hilfe der sog. ABC-Analyse ermittelt, wer sehr wichtig, wichtig oder weniger wichtig ist. A-Kunden muss man natürlich dauernd im Blick haben, und wahrscheinlich werden das (ggf.) auch diejenigen sein, die man schon wegen der relativen Abhängigkeit besonders pflegen muss.

Ein besonderer Aspekt der Kundenanalyse ist die Kundenpsychologie. Dass es auch in der Branche der Planungsbüros als wichtig und notwendig erachtet wird, zu wissen, wie man als Architekt oder Ingenieur mit den Kunden umgehen muss, kann man daran erkennen, dass mehrere Kammern spezielle Seminare dafür anbieten. Dabei tauchen folgende Fragen auf: Welcher Typ ist mein Gesprächspartner? Ist er ein guter Zuhörer oder redet er dauernd dazwischen? Ist er umgänglich oder eher dominant? Welche Erwartungshaltung

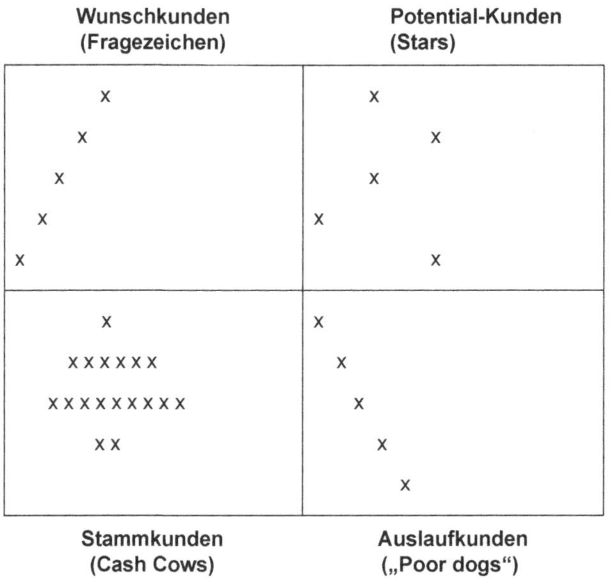

Abb. 4.2 Kundenportfolio

bringt er in das Gespräch ein? Gibt es bestimmte Signale, auf die man achten muss? Kenne ich ihn bereits oder muss ich einen Mitarbeiter oder einen Bekannten vorher fragen, wie man mit ihm sprechen muss? Solche oder ähnliche Fragen stellen sich immer wieder in den Planungsbüros, und auch der Chef sollte sich fragen: Welcher Typ bin ich selbst?

In der Typenlehre begegnet man mehreren Methoden. Aufgrund einer in einem schon etwas älteren Buch [15] nachlesbaren Methode kann man die Menschen in drei Typengruppen einteilen: angepasste, einfügsame, unkomplizierte Typen und eigenständige, gestaltende, leistungsbereite sowie komplizierte, kompensierende individualistische Typen. So gehören beispielsweise der Kontaktmensch, der Unbekümmerte oder der Extrovertierte zur ersten Gruppe, der Pedant und der Pflichtbewusste aber auch. Zur zweiten Gruppe gehören der Kreative, der Introvertierte, der Pragmatiker und auch der Machtmensch. Die dritte Typengruppe gilt als die schwierigste. Dazu gehören der Nörgler, der Besserwisser, der Zauderer oder auch der Star. Der Ingenieur selbst (als Typ) gilt als sachlich, praktisch technisch eingestellt, mit Liebe zum Detail, klärt Abweichungen auf der Fachebene und er verhält sich im persönlichen Kontakt eher zurückhaltend.

Damit wird verständlich, dass es Sinn macht, den jeweiligen Gesprächspartner zu analysieren und sich auch vorher auf wichtige Gespräche vorzubereiten. Dann kann man auch mit schwierigen Typen umgehen. Nehmen wir also an, es handelt sich bei einem Bauamtsleiter um den Typ eines Extrovertierten, der ehrgeizig ist, gestalten will und nach Anerkennung sowie Einverständnis sucht. In diesem Fall sollte man genauso offen auf den Partner zugehen, Kontaktbereitschaft signalisieren, offene Antworten geben und sich nicht wundern, wenn er bei Meinungsverschiedenheiten nicht zurückhaltend ist.

In einem anderen Fall stoßen Sie vielleicht auf einen Autoritären, der bestimmend ist, seine Stärke ausspielt und sich durchsetzen will. Dann ist es sinnvoll, den Gesprächspartner in seiner Durchsetzungsfähigkeit zu bestärken, den Sachverhalt genau zu analysieren und so schließlich selbst zu profitieren.

In einem weiteren Fall ist Ihr Gegenüber möglicherweise der Typ des Ängstlichen, der schon bei der Begrüßung schüchtern wirkt, nach Schutz und Sicherheit sucht. Er braucht Ihre Unterstützung; bisweilen lässt er sich sogar von Ihnen führen. Vermeiden Sie in diesem Fall zu starke Kritik.

Wenn Sie schließlich zum ersten Mal einen Menschen treffen, von dem Sie nur wissen, was er oder seine Firma bzw. Behörde machen und welche Funktionen er hat, dann sollten Sie versuchen, nicht sofort eine Bewertung aufgrund des ersten Eindrucks vorzunehmen, obwohl sich spontan aufkommende Sympathie oder Antipathie nicht immer vermeiden lässt. Im Fall der Antipathie sollte sich aber besser ein Kollege oder ein Partner um ihn kümmern. Manchmal muss sich auch die arme Sekretärin von einem aufgebrachten Kunden beschimpfen lassen, obwohl sie gar nichts dafür kann. Aber auch das kann man lernen, insbesondere dann, wenn man berücksichtigt, dass es viel schwieriger ist, neue Kunden zu gewinnen als alte zu behalten. Deshalb lohnt es sich, für die Erhaltung zu kämpfen, und vielleicht hat dieser Kunde mit seiner Beschwerde ja recht. Man kann deshalb auch daraus lernen.

4.4   Kundenportfolio

Eine weitere Methode der Kundenbewertung kann mit Hilfe der Portfolio-Analyse erfolgen. Wahrscheinlich ist Ihnen auch schon mal das Schema gem. Abbildung 4.2 begegnet. Diese Methode wurde ursprünglich angewandt, um herauszufinden, welche Produkte eines Unternehmens am meisten die derzeitige Existenz sichern, welche wahrscheinlich in absehbarer Zukunft diese Aufgabe erfüllen, welche noch nicht ausgereift sind, um heute schon wirtschaftlich zu sein, und welche in absehbarer Zeit auslaufen werden.

Diese Betrachtungsweise kann man auch auf die Kunden übertragen. Danach befinden sich – ohne Klassifizierung innerhalb der Kästen – im unteren linken Kasten die Stammkunden, also diejenigen, die hauptsächlich zur Kostendeckung beitragen. Oben rechts sind Kunden mit hohem Auftragspotential und guten Zukunftsaussichten. Links oben sind die Wunschkunden eines Planungsbüros, also solche, die man gern hätte, die aber (noch) andere Büros beauftragen. Schließlich hat wohl jedes Büro ein paar Auslaufkunden, die früher einmal „Cash Cows" waren, aber nun aufgrund der verpassten Weiterentwicklung in ihrer Branche oder aufgrund absehbarer Verkaufsabsichten nicht mehr lange Kunden sein werden.

Mit der Erkenntnis, die daraus abgeleitet werden kann, sichern Sie die Bewertung aufgrund der ABC-Analyse ab, und jetzt geht es darum, herauszufinden, wie die Kunden über ihr Planungsbüro denken.

4.5   Kundenbefragung

Das Thema Kundenbefragung wurde bereits in mehreren Büchern – [6, 11] – dargestellt. Deshalb können auch mehrere Möglichkeiten dafür angeboten werden, und damit soll auch zugleich der bisweilen verbreiteten Meinung entgegen getreten werden, ein Planungsbüro sei zu klein, um eine Kundenbefragung durchzuführen. Das soll zunächst am Beispiel eines Bäckers demonstriert werden. Der hat normalerweise noch weniger Mitarbeiter. Trotzdem hat er seinen Kunden einen Fragebogen in die Hand gedrückt und sie gefragt, ob sein Sortiment ihren Vorstellungen entspricht, wie sie die Freundlichkeit seiner Mitarbeiter beurteilen, ob das Preis-Leistungs-Verhältnis stimmt und ob man in der Nähe einigermaßen gut parken kann. Vielen Kunden hat das gefallen, deshalb haben sie den Fragebogen ausgefüllt und sie wurden beim nächsten Einkauf mit fünf „Frei-Brötchen" belohnt. Für die Zielgruppe der Planungsbüros musste man den Fragebogen des Bäckers nur etwas umschreiben und herausgekommen ist dabei der Vorschlag in Abb. 4.3. Diese Methode eignet sich am besten für eine persönliche Befragung.

Wer bei seiner Kundenbefragung etwas professioneller vorgehen möchte, und das dürfte mehr für große Planungsbüros gelten, dem wird folgender Fragenkatalog empfohlen:

- Was fällt Ihnen zur Firma … spontan ein?
- Wo sehen Sie die Stärken von … ?
- Gibt es nach Ihrer Ansicht auch Schwächen bei … ?
- Auf welchen Gebieten ist … Ihres Wissens tätig?

Abb. 4.3 Kundenbefragung
[6]

Fragen Sie Ihre Kunden!

1. Ist unser Standort für sie erreichbar?

2. Wenn sie anrufen, wie oft hat es geläutet, bis wir das Telefon abgehoben haben?

3. Waren wir höflich am Telefon und haben wir schnell genug zurückgerufen, wenn der gewünschte Gesprächspartner nicht da war?

4. Fühlen sie sich durch uns gut informiert?

5. Haben wir sie richtig beraten oder waren wir zu aufdringlich?

6. Entspricht unsere Leistung den Kosten?

7. Wurde unsere Leistung zur rechten Zeit erbracht?

8. Hat diese Leistung den gewünschten Erfolg gebracht?

9. Was haben wir möglicherweise nicht so gut gemacht?

10. Womit waren sie besonders zufrieden?

11. Haben sie den Eindruck, dass wir uns in die Wünsche und Vorstellungen unserer Kunden hineindenken können?

12. Können sie uns Anregungen für unsere Zusammenarbeit vermitteln?

- Wie schätzen Sie die wirtschaftliche Lage und Ertragskraft von … ein?
- Wie glauben Sie, wird sich … in Zukunft weiterentwickeln?
- Wo ist nach Ihrer Kenntnis … regional tätig?
- Handelt es sich bei … nach Ihrer Meinung um ein innovatives Unternehmen?
- Was ist Ihr Eindruck von der Führung dieses Unternehmens?
- Macht dieses Unternehmen gute Akquisitions- und Marketingarbeit?
- Wie viel Mitarbeiter hat das Unternehmen und wie hoch ist der Umsatz?
- Wie ist Ihrer Ansicht nach das Informationsverhalten von … ?
- Wie gut ist das Kommunikationsvermögen von … ?
- Welche Namen anderer Ingenieurunternehmen fallen Ihnen spontan ein?

Dieser Fragebogen eignet sich mehr für eine Befragung durch Dritte. Aber auch dann sollten Sie die Kunden, die von diesem Institut telefonisch oder persönlich befragt werden sollen, vorher entsprechend informieren.

Auch eine schriftliche Befragung kann ein Planungsbüro machen, z. B. mit folgenden Fragen:

- Ist es für Sie wichtig, dass wir auch am Freitagnachmittag und am Samstagvormittag ansprechbar sind?
- Würden Sie es begrüßen, wenn wir Sie auf Alternativen aufmerksam machen können, die Ihnen ohne Qualitätsverlust Kosten ersparen?

- Würde Sie es interessieren, wenn wir Sie regelmäßig über Veränderungen auf unserem gemeinsamen Markt informieren?
- Welche Bedeutung hat für Sie eine herausragende, aber auch etwas aufwendigere, Präsentation der Ingenieurarbeit?
- Wie wichtig ist für Sie, dass das von Ihnen beauftragte Ingenieurbüro sich schnell veränderten Anforderungen anpassen kann?
- Spielt es bei Ihren Projekten eine Rolle, dass das Ingenieurbüro Erfahrungen bei der Zusammenarbeit mit anderen Dienstleistern hat?
- Können Sie sich vorstellen, dass Ihr Ingenieurbüro Sie von lästigen Nebenaufgaben entlastet?
- Sind Sie daran interessiert, dass Ihr Ingenieurbüro anschließend auch beim Betrieb der Anlage mitmacht?

Wichtig für alle diese Formen der Kundenbefragung ist das Feedback. Nur wenn darauf eine Reaktion erfolgt und der Eindruck vermittelt wird, die erhaltenen Anregungen ernstzunehmen, die befragten Kunden sich sogar mit ihren Anregungen wiedererkennen, ist eine Befragung sinnvoll. Sonst wird eher ein negativer Eindruck erzeugt, und es wäre besser, keine Befragung zu machen. Dafür gibt es genügend Beispiele. Man denke nur an die immer wieder im Hotel ausliegenden Befragungszettel. Kaum einer glaubt noch daran, dass jemand das liest, denn es ändert sich (auch im selben Hotel) nichts. Es geht auch hier darum, zufriedene Kunden zu bekommen und zu behalten. Kundenbefragungen vermitteln, was dafür erforderlich ist. Wie man diese Anregungen umsetzen kann, ist Gegenstand dieses weitergehenden Kapitels.

4.6   Konkurrenzanalyse

Früher war es noch üblich, dass man sich in seinem Einzugsbereich wohlfühlen konnte. Man war anerkannt und wenn ein Auftrag erfolgreich zu Ende gebracht worden war, konnte man sich darauf verlassen, dass man ohne Zeitverlust für den nächsten Auftrag engagiert wurde. Aber diese Zeiten sind leider vorbei. Inzwischen ist der Wettbewerb stärker geworden und um darin zu bestehen, reicht es, wie bereits ausgeführt, nicht, nur technisch gut zu sein. Im konkreten Fall muss es zusätzliche Vorteile oder einen zusätzlichen Nutzen geben, um dem Auftraggeber die Entscheidung zwischen mehreren Bewerbern, die alle technisch qualifiziert sind, zu ermöglichen, und ein wichtiger Ansatzpunkt für diese Überlegung ist Ihre USP (s. Abschn. 4.15). Manchmal ist dabei die Fähigkeit zur Kooperation mit anderen Planungsbüros entscheidend, und dann können Wettbewerber sogar zu Partnern werden. Wahrscheinlich ist das der Grund dafür, dass immer häufiger von Mitbewerbern statt von Wettbewerbern gesprochen wird, und in dem Unternehmensleitbild eines Ingenieurbüros gibt es den Leitsatz, dass man mit Mitbewerbern fair und kollegial umgehen möchte. Sogar für die Nachfolge kann die ehemalige Konkurrenz einen positiven Einfluss haben. So gibt es z. B. in einer Region in Süddeutschland drei Architekturbüros. Bei zwei von ihnen steht die Nachfolge an und im dritten trauen sich die jungen Akteure nicht so recht, eine größere Verantwortung zu übernehmen. Weil für die ersten beiden noch keine Nachfolger gefunden werden konnten, wird die Lösung für alle darin bestehen, sich zusammen zu schließen.

Vielleicht haben Sie schon einmal den Ausspruch gehört: Konkurrenz hebt das Geschäft, und tatsächlich gilt das für einige Branchen. So kann man in manchen Städten erleben, dass sich z. B. Schuhgeschäfte oder Restaurants auf bestimmte Stadtviertel oder Straßen konzentrieren. Bei den Planungsbüros ist das eher nicht so. Aber sie bieten auch keine Waren an, die sie in Geschäften ausstellen können. Trotzdem führt der Wettbewerb zwischen Ihnen dazu, dass in der Regel mehrere vor Ort für den gleichen potentiellen Auftraggeber aktiv werden möchten. Es erscheint deshalb sinnvoll, nicht nur gut über den eventuellen neuen Auftraggeber Bescheid zu wissen, sondern auch über die Mitbewerber. Zu diesem Zweck werden in Abb. 4.4 ein paar Fragen zusammengestellt, deren Beantwortung nicht allzu viel Mühe bereiten sollte, wenn auch die Mitarbeiter ihre Informationen einbringen – und wie wichtig das werden kann, vermittelt die letzte Frage.

4.7 Erkennen und Vermitteln des Nutzens

Jeder weiß, dass er ohne Architekt und Bauingenieur kein Haus bauen kann. Deren Namen stehen ja dann auch auf dem Baustellenschild. Aber weiß auch jeder, was der Architekt und

Abb. 4.4 Checkliste für das Wissen über die Konkurrenz [7]

- Kennen Sie Ihre Konkurrenten?

- Kennen Sie das Leistungsspektrum dieser Büros?

- Kennen Sie den Einzugsbereich dieser Firmen?

- Wissen Sie was die Konkurrenten besser können?

- Kennen Sie Ihre Vorteile gegenüber den Konkurrenten?

- Kennen Sie die Promotoren und Entscheidungsträger?

- Kennen Sie die wichtigsten Kunden der Wettbewerber?

- Wissen Sie mit welchen Partnern Ihre Konkurrenten zusammenarbeiten?

- Wissen Sie ob diese Konkurrenten Beziehungen haben?

- Ist Ihnen die wirtschaftliche Situation bekannt?

- Kennen Sie die Marketingaktivitäten der Mitbewerber?

- Können Sie sich auch ein gemeinsames Vorgehen mit bestimmten Konkurrenten vorstellen?

der Bauingenieur an dem gelungenen Objekt eigentlich gemacht haben? Es scheint jedenfalls so, dass viele Planer ein Problem damit haben, ihren Kunden den Nutzen ihrer Leistungen zu erklären. Das zeigt sich auch in manchen Prospekten und Internet-Auftritten.
Darin ist die Rede davon, was das Unternehmen alles kann, für welche bekannten Auftraggeber und Projekte man bereits gearbeitet hat und wie lange man schon für die erwähnten
Fachgebiete tätig ist. Aber über den eigentlichen Nutzen für den Kunden oder sogar dessen
Kunden wird wenig ausgesagt, und wenn dieses Thema bei einem Marketing-Seminar an
die Reihe kommt, ist es zunächst einmal sehr ruhig im Raum.

Viele können, wenn sie ein Haus bauen, zunächst nicht einsehen, warum ein Vermes-
sungsingenieur sogar zweimal kommen muss, und welchen Nutzen sie davon haben. Erst
viel später konnte ihnen das jemand erklären. Ähnlich ist es einem Freund ergangen, der
zunächst nicht verstanden hatte, warum er beim Bau seines Hauses nicht auf eine Baugrunduntersuchung verzichten sollte. Überzeugt hat ihn dann ein Bekannter, der ihm noch
gerade rechtzeitig vor Baubeginn erörtert hat, was alles passieren kann, wen man glaubt,
es werde schon nichts passieren. Ohne als Kaufmann auf technische Details eingehen zu
können, ist aber auch so erkennbar, dass Baugrunduntersuchungen immer noch stark ver-
nachlässigt werden. So hat eine darauf spezialisierte Versicherung ermittelt, dass 30 %
aller Schadensfälle am Bau auf fehlende oder mangelhafte Bodengutachten zurückzuführen sind.

Vielleicht würde es ja auch den Planungsbüros helfen, wenn sie besser wüssten und
erklären können, was Nutzen in ihrer Branche bedeutet. Man kann sich des Eindrucks
nicht erwehren, dass die Planer sich im Wettbewerb zu schnell und auch zu einfach damit
abfinden, es sei ja doch immer nur der Preis und nichts anderes, was die Entscheidung
gebracht hat. Es lohnt sich aber, darüber nachzudenken, ob es nicht doch noch etwas
anderes gibt, das die Auftragsvergabe zumindest bei einigen Kunden beeinflusst. Ihnen
ist es etwas wert,

- wenn sie sich darauf verlassen können, dass ihr Planungsbüro immer erreichbar ist,
- wenn sie den infrage kommenden Mitarbeiter als Projektleiter kennen,
- zu wissen, welches Potential hinter dem Auftrag steckt,
- nicht dauernd neu erklären zu müssen, worauf man besonderen Wert legt,
- wenn das Büro sie auf etwas aufmerksam macht, das sie selbst nicht erkannt haben,
- wenn sie davon ausgehen können, dass auch nach Beendigung eines Projektes Erfahrungen austauschbar sind.

Wenn es gelingt, solche Werte zu vermitteln, dann wird der betreffende Auftraggeber auch
nicht gleich beim ersten Preisunterschied mit einem Mitbewerber ein anderes Planungsbüro beauftragen. Es geht also nicht nur um billig oder teuer, sondern um das jeweilige
Kosten-Nutzen-Verhältnis, und das kann im konkreten Fall unterschiedlich sein.

Vielleicht hätten auch die zwei Architekten, die sich in einer Großstadt selbständig
gemacht hatten, weniger Lehrgeld bezahlt, wenn sie daran gedacht hätten, stärker den
Nutzen ihres Angebotes darzustellen. Sie waren zwar wirklich gut als Entwurfsverfasser

und konnten Vorschläge für schwierige Rahmenbedingungen vorweisen. Sie hatten sogar einen zweiten und einen dritten Platz bei Ausschreibungswettbewerben erreicht, aber Aufträge bekamen sie nicht. Warum? Sie hatten nur aus ihrer Sicht gearbeitet und an Lösungen gedacht, die ihnen gefielen, aber nicht an das Verständnis und den Nutzen der Kunden.

Als Fazit kann man also festhalten:

Auch eine richtig erkannte Kernkompetenz wird erst dann zu einem Wettbewerbsvorteil, wenn es gelingt, den Nutzen für die (potentiellen) Kunden deutlich zu machen. Deshalb muss man zuvor herausfinden, was die Kunden wollen, auf welche Weise sie angesprochen werden können und welche Erfordernisse dabei eingehalten werden müssen. Oder anders ausgedrückt: Denken Sie öfter darüber nach, wie Sie ihre Kunden erfolgreich machen können. Dann stellt sich auch der Erfolg für das Ingenieurbüro selbst ein [16].

4.8   Akquisition neuer Kunden

Bisher habe ich hauptsächlich von solchen Kunden gesprochen, die Sie bereits haben. Aber ein Planungsbüro braucht natürlich auch immer wieder neue Kunden, weil einige vom Markt verschwinden oder zu anderen Büros abwandern. Allerdings ist das mit höheren Aufwendungen verbunden als die Auftragsbeschaffung bei Kunden, die man bereits kennt. Auch deshalb geht es bei der Akquisition darum, Kunden nicht nur zu bekommen, sondern sie auch zu behalten.

Es beginnt damit, dass die Verantwortung dafür geregelt wird, und darauf gibt es nur eine Antwort: Alle sind verantwortlich! Akquisition ist nicht nur eine Aufgabe der Inhaber, sondern auch der Mitarbeiter, denn alle haben Kontakte mit Kunden, auch oder gerade am Telefon. Noch etwas ist wichtig: Akquisition ist kaum delegierbar. Es gab zwar Versuche, mit Hilfe professioneller Mittler an neue Kunden heranzukommen, aber die sind weitgehend wieder verschwunden.

Natürlich muss man auch eine Strategie dafür haben, wie man bei der Akquisition vorgehen will, und die besteht meistens darin, dass zunächst nur eine bestimmte Zielgruppe, z. B. die Wunschkunden oder solche mit Zukunftspotential, akquiriert werden sollen. Es muss ein Zeitplan dafür erstellt werden, man braucht Präsentationsunterlagen (s. auch Abschn. 4.12), es muss überlegt werden, ob ein Berater als Mittler eingeschaltet werden kann, die Mitarbeiter müssen darüber informiert werden und einer muss für diese Aktion verantwortlich sein. Die eigentliche Vorbereitung beginnt dann mit der Beantwortung folgender Fragen:

- Wie kann man das Gespräch anbahnen (telefonisch oder schriftlich)?
- Wer ist (beim potentiellen Kunden) zuständig?
- Ist er Entscheidungsträger oder (nur) Ansprechpartner?
- Wie ist sein korrekt geschriebener Name und welchen Titel hat er?
- Wie ist er telefonisch erreichbar (direkt oder über Sekretärin)?
- Wer weiß, wie man mit ihm umgehen muss?

- Welchen „Aufhänger" gibt es für den Anruf?
- Auf wen könnte man sich bei dem Erstkontakt berufen?
- Wer könnte bei diesem Kontakt behilflich sein?

Jetzt wäre eine interne Schulung für möglichst alle Mitarbeiter angebracht, in der die wichtigsten Fähigkeiten für Akquisitionsgespräche trainiert werden, und zwar:

- Richtig telefonieren
- Richtig präsentieren
- Richtig fragen
- Richtig zuhören
- Richtig verhandeln

Beginnen wir mit dem Telefonieren. Dabei haben noch viele Mitarbeiter Lernbedarf. Deshalb könnten folgende Anregungen nützlich sein:

- Vergewissern Sie sich vor dem Gespräch, dass Sie auch die richtige Telefonnummer haben.
- Nutzen Sie den „Heimvorteil", wenn sie selbst anrufen.
- Legen Sie deshalb eventuell benötigte Unterlagen bereit, um ein unnötiges zweites Gespräch zu vermeiden.
- Überlegen Sie sich vorher ein allgemeines Thema für den Einstieg in das Gespräch.
- Notieren Sie ein paar Argumente zur Sache.
- Teilen Sie dem Zuhörer deutlich verständlich Ihren Namen und Ihr Unternehmen mit.
- Sprechen Sie ihn öfter mit seinem korrekten Namen an.
- Organisieren Sie den zweiten Anruf, wenn der Gesprächspartner beim ersten Mal nicht da ist.
- Achten Sie darauf, dass zugesagte Rückrufe auch tatsächlich stattfinden.

Zumindest einige im Büro müssen in der Lage sein, ihr Unternehmen im Akquisitionsgespräch professionell zu präsentieren. Zu diesem Zweck müssen sie überlegen, auf welche Zielgruppe sie treffen (Anzahl, Interesse, Kompetenz), welche Unterlagen (Texte, Grafiken, Schaubilder) dafür erforderlich sind, wie die Gestaltung (Folien, Handouts, Textmenge) erfolgen soll, welche Präsentationsmedien (Flipchart, Laptop, Beamer) vorhanden sind, und in welchem Rahmen (Vorstellung, Einleitung, Ablauf, Abschluss) das Ganze stattfinden soll.

Wer fragt, der führt, kann man in der Managerliteratur immer wieder lesen, und das gilt auch für die Akteure in den Planungsbüros. Von den vielen Beispielen, die es dafür gibt, seien nur einige herausgegriffen. So ist allgemein anerkannt, dass Fragen einen Monolog vermeiden, dass man durch Fragen Wünsche des Kunden herausfinden kann, dass man durch Fragen Zeit für eine Antwort gewinnen kann, dass Fragen Spannungen lösen und dass Fragen den anderen zum Zuhören zwingen können.

Viele Leute haben ein Problem, sie können nicht zuhören, und das gilt nicht nur für Kundengespräche, sondern auch für interne Besprechungen. Es gibt dazu eine komprimierte, gut verständliche Darstellung, die man zum Lernen gut anwenden kann (s. Abb. 4.5) [17].

Stellt sich schließlich die Frage: Können Sie auch gut verhandeln? Auch dazu gibt es noch immer gültige Anregungen, wie z. B. dass man die Sache von der Person trennen muss, dass man Ziele statt Positionen vertreten soll, dass man Teilergebnisse sichern muss, dass man den Rückzug nicht zu früh antreten soll, und dass man konsensfähige Vorschläge erbitten sollte. Dabei ist die Entwicklung allerdings nicht stehen geblieben, und deshalb

Abb. 4.5 Häufigste Fehler beim Zuhören

1. Gründe, die in mir liegen:

- Antipathie gegen den Sprecher
- Mimosenhaftes Zuhören
- Das Falsche heraushören
- Den Inhalt falsch „bedenken"
- Ermüdung im Tagesablauf
- Langeweile
- Vorverurteilendes Hören
- Vorgefasste Meinung hineinprojizieren
- Blockaden
- Konzentrationsmangel
- Unterschiedlicher Wissensstand
- Den anderen nicht ernst nehmen

2. Gründe, die der Gesprächspartner zu vertreten hat:

- Die „Datenrate" ist viel zu hoch
- Negativ besetzte Worte
- Schlechter Redestil
- Methodik des Vortrages
- Rhetorisches Durcheinander
- Körperliche Disharmonie
- Äußeres Erscheinungsbild
- Kein Kontakt zu den Zuhörern
- Falsches Einschätzen der Zielgruppe
- Zeitlimit wird überschritten
- Aggressives, überhebliches Verhalten
- Keine Mimik, keine Gestik
- Kein Engagement

3. Gründe aus dem Gesprächsumfeld

- Ablenkungen
- Nebengespräche
- Technische Pannen
- Raumtemperatur
- Ungünstige Tageszeit
- Örtliche Umgebung

Quelle: M. Lucas, Hören, Hinhören, Zuhören

kann eigentlich nur empfohlen werden, ein Seminar einer Kammer zu besuchen, z. B. „Zur Psychologie und Rhetorik der Verhandlungsführung".

Nachdem alle Vorbereitungen für das Akquisitionsgespräch getroffen worden sind, stellt sich jetzt die Frage, wie der Kontakt begonnen werden soll. Die meisten entscheiden sich für den schriftlichen Weg und tätigen erst danach den Anruf. Dann ist zu klären, ob Sie Ihre Bewerbung per E-Mail oder als Brief schicken sollen. Das ist individuell unterschiedlich zu beurteilen. Deshalb empfiehlt es sich, vorher zu erkunden, welchen Stellenwert das Internet bei dem jeweiligen Adressaten hat. Grundsätzlich kann man aber inzwischen davon ausgehen, dass der Brief angesichts der zunehmenden E-Mail-Flut wieder bessere Chancen hat, gelesen zu werden. Entscheidend ist letztlich die „Kunst", sich von den anderen ebenfalls beim potentiellen Kunden ankommenden Bewerbungen abzuheben. Damit kommen wir zur letzten Kommunikationsfähigkeit: Richtig schreiben!

4.9 Der Bewerbungsbrief

Der Brief selbst hat nur eine Seite. Jedenfalls dann, wenn Sie den Adressaten nicht (persönlich) kennen, und er Sie nicht. Dahinter können sich mehrere Anlagen befinden, die auf vergleichbare Projekte und die dazu gehörigen Referenzen aufmerksam machen. Zwar können manche Büros kaum widerstehen, noch weitere Beispiele, die nichts mit diesem Projekt zu tun haben, beizufügen, aber das interessiert den potentiellen Auftraggeber für sein ganz bestimmtes Projekt relativ wenig. Versuchen Sie stattdessen, mit wenigen Worten (über Standort, Fachgebiete, Ressourcen und Ansprechpartner) Ihr Unternehmen auszuloben. Vielleicht haben Sie ja auch bereits eine Besonderheit für dieses Projekt ausmachen können und können im Brief darauf hinweisen, dass Sie damit Erfahrungen haben. Das kommt an. Schließlich noch eine Anregung. Vermeiden Sie es, irgendwo abzuschreiben, weil es Ihnen gefällt. Wählen Sie Ihre eigenen Worte, denn sonst könnte es ja passieren, dass zwei gleichlautende Bewerbungen bei einem potentiellen Auftraggeber ankommen, und das wäre doch peinlich.

Ein weiteres Muss besteht darin, dass der Brief mit erkennbarer Sorgfalt geschrieben wird. Das betrifft auch die Anlagen, denn sonst macht das ganze mehr den Eindruck einer schon mehrfach durchgereichten Unterlage einer (aussichtslosen) Bewerbung eines Hochschulabsolventen für einen Job. Wichtig ist auch, dass der Brief ein konkretes Angebot enthält, denn sonst weiß der Adressat nicht so recht, was er eigentlich damit anfangen soll, und man sollte sich nicht scheuen, auch einmal nachzufassen, wenn etwa zwei Wochen danach noch nichts passiert ist.

Wenn Sie das alles beherzigen, dann haben Sie gute Aussichten, das Ziel einer solchen unaufgeforderten Bewerbung zu erreichen, nämlich zu einer Vorstellung eingeladen zu werden. Aber auch wenn das Gespräch stattgefunden hat und Sie Gelegenheit hatten, Ihr Unternehmen vorzustellen, kann es passieren, dass Sie keinen Auftrag bekommen. Man kann nicht immer erfolgreich sein, aber man sollte auch nie aufgeben, und meistens ist es lehrreich, nach einem nicht gelungenen Gespräch zu überlegen, woran das gelegen haben könnte, damit Sie es beim nächsten Gespräch besser machen. Auch dazu gibt es eine Anregung. Stellen Sie sich doch einmal selbst die Frage: „Was habe ich möglicherweise falsch gemacht?" [18]. Vielleicht kommen Sie dann auf folgende Erkenntnisse: Zu wenig Zeit für die Vorbereitung gehabt, falschen Termin ausgewählt, unvorteilhafte Kleidung getragen, zu wenig Geduld gezeigt, das Demonstrationsmaterial war schlecht, den Gesprächspartner nicht ausreden gelassen, kaum Blickkontakt im Gespräch gehabt, keine richtige Problemlösung angeboten, den Gesprächspartner zu sehr gedrängt, zu viel geredet, Wettbewerb schlecht gemacht, nicht genügend auf Kundenwünsche eingegangen und den Gesprächspartner nicht richtig eingeschätzt.

4.10 Networking

Eine besondere Form der Akquisition und ggf. auch eine besonders erfolgreiche ist das Networking. Es gibt auch Architekten und Ingenieure, die wahre Meister der Beziehungspflege sind. Allerdings tun sie auch etwas dafür. Es beginnt bereits mit der Frage: Wie und wo bekommt man für das eigene Berufsumfeld Kontakte? Am häufigsten hört man dann das Stichwort „Golf spielen". Ob das erfolgreich sein kann, hängt natürlich auch davon ab, ob man diesen Sport mag. Generell sind aber die sportliche Betätigung oder die Beteiligung an sportlichen Organisationen schon eine gute Möglichkeit zur Knüpfung beruflicher Kontakte, die bis in den Privatbereich gehen können, und dann auch für später wichtig sind. Eine andere Möglichkeit besteht darin, in gesellschaftlichen Organisationen aktiv zu werden. Das gilt z. B. für Rotary, Lions oder auch in örtlichen geselligen Organisationen wie Brauchtumsvereinen.

Weitere Beispiele sind: Die Manager Lounge mit Local Areas, der Hamburger Anglo-German Club, die Frankfurter Gesellschaft, die Atlantik-Brücke, der ALUMNI-Dachverband der Hochschulen in Deutschland, und im südlichen Schwarzwald haben sieben Architekten ein eigenes Netzwerk gegründet.

Online-Netzwerke wie z. B. Xing, Pius oder das IHK-Netzwerk Mittelstand bieten ihre Dienste an. Es gibt Marketing- oder IT-Clubs in vielen Städten, oder regionale Organisationen wie das Gründernetzwerk Brandenburg. Im engeren Berufsumfeld finden die Planer Kontakte z. B. bei Delegationsreisen mit Verbänden, in Seminaren der Kammern, in der ALUMNI-Organisation ihrer Hochschule oder in regionalen Organisationen der Fachverbände. Clevere Inhaber beziehen in ihr Netzwerk auch wichtige Kunden ein, die Beziehungen der Mitarbeiter sowie das Wissen der Freien Mitarbeiter.

All diese Institutionen dienen der Kontaktanbahnung und Kontaktpflege. Networking ist also mehr als ein Sammeln von Visitenkarten oder gelegentliche Anrufe, wenn man gerade jemanden braucht, und es ist auch keine Sache des Zufalls, sondern Strategie. Dazu gehört, dass man Versprechungen einhält, dass man wenigstens etwa eine halbe Stunde am Tag für die Beziehungspflege aufwendet, und dass man bereit ist, sich auch außerhalb der normalen Geschäftszeit zu engagieren.

Trotzdem muss man verstehen, dass es hier nicht um Freundschaften geht, dass es in Deutschland immer noch Vorbehalte gibt und dass den Netzwerken manchmal etwas Berechnendes, etwas von „Klüngeln" anhaftet. Davon sollte man sich aber nicht beeinflussen lassen, sondern eine Networking-Kartei aufbauen, in der für die Kontakte die wichtigsten Daten enthalten sind, wie insbesondere Namen, Titel, Adressen, E-Mail, Telefon (geschäftlich und privat), Mitgliedschaften, Hobbys, Herkunft des Kontaktes, geschuldete Gefälligkeiten, Geburtstage, Jubiläen und der letzte Kontakt.

Schließlich ist es wichtig zu akzeptieren, dass es immer um ein Geben und Nehmen geht, dass das Netzwerk aufgebaut werden muss, bevor man es braucht, dass man manchmal auch in Vorleistung treten muss, und dass es bisweilen länger dauert, um ein tragfähiges Netzwerk zu knüpfen.

Im Zeitalter der Werteorientierung und von Compliance (s. Abschn. 2.7) bekommt das Networking eine stärkere Bedeutung. Man muss konsequent darauf achten, dass bei diesen Bemühungen die gesetzlichen und selbst ernannten Grenzen der „Beziehungspflege" nicht überschritten werden. Dabei hilft eine Software für das Customer-Relationship-Management (s. Abschn. 4.17), und hüten Sie sich vor falschen Freunden, die sich nur deshalb als „Freunde" anbieten, um aus dieser Beziehung einseitig Nutzen ziehen zu können.

4.11 Partner und Mittler für Aufträge

Mit dem Stichwort Partner haben wir uns bereits befasst, allerdings im Zusammenhang mit der Unternehmensführung (Abschn. 2.12). Hier geht es um Partner (und Mittler), die bei der Auftragsbeschaffung hilfreich sein können. Das gilt natürlich in erster Linie für die Multiplikatoren, das sind bekanntlich zufriedene Kunden, auf die Sie sich bei Ihrer Bewerbung berufen können (s. Abschn. 4.3). Danach geht es um Partnerschaften, die erst durch das Projekt entstehen und die gemeinsam nach außen auftreten. Das können Planungsbüros mit anderen Fachgebieten sein, und besonders ausgeprägt sind Partnerschaften zwischen Architekten sowie Ingenieurbüros, die sich auch auf längere Zeit erhalten und dadurch immer wieder als gemeinsame Auftragnehmer ansprechbar bleiben.

Manche Fachplaner müssen den Kontakt zu Projektsteuerern oder Generalplanern pflegen, die ihrerseits bestimmte Fachpartner brauchen, und Fachpartnerschaften im engeren Sinn gibt es bei Büros für Technische Gebäudeausrüstung, z. B. zwischen Elektrotechnikern, sowie Büros für Heizung, Lüftung, Sanitär (HLS). Wer im Ausland tätig werden möchte, braucht dort Fachpartner, die den Markt kennen und über die entsprechenden Kontakte verfügen. Diese Art der Partnerschaft wird allgemein als Joint Venture bezeichnet, und wer in das Facility-Management einsteigen möchte, muss sich nach Partnern umsehen, die dafür den Organisationsauftrag haben.

Mittler sind solche Personen oder Institutionen, die zwar nicht selbst an der Auftragsdurchführung beteiligt sind, die aber dennoch darauf Einfluss haben. Das können z. B. Aufsichts- oder Beiratsmitglieder des potentiellen Auftraggebers, Vorstandsmitglieder

von Baufirmen oder Kommunalpolitiker sein, zu denen der Inhaber sein Netzwerk aufgebaut hat, und die typischen Mittler sind Journalisten. Das beste Beispiel dafür sind die
Fachzeitschriften. Wenn darin positiv über bestimmte Projekte sowie das daran beteiligte
Planungsbüro berichtet wird und diese Zeitschriften auch von den potentiellen Auftraggebern gelesen werden, dann wird das im Gedächtnis haften bleiben. Manchen Planungsbüros gelingt es sogar, mit einem interessanten Projekt in der Tageszeitung zu erscheinen.

Es gibt also genug Anlässe für Partnerschaften, die es sinnvoll erscheinen lassen, diese
Beziehungen professionell zu organisieren, was auch der zukünftigen Bedeutung dieser
Entwicklung gerecht werden würde. Die Bezeichnung dafür heißt Partner-Relationshhip-
Management, abgeleitet von Customer-Relationship-Management, das in Abschn. 4.17
erörtert wird, und womit zum Ausdruck gebracht werden soll, dass die Pflege der Bezie-
hungen zu den Partnern inzwischen genauso wichtig geworden ist wie die Pflege der
Beziehungen zu den Kunden.

Wir haben es auch im Bereich der Kommunikation mit einem Wandel zu tun. Während
die jetzigen Übergeber als Gründer weitgehend auf sich allein gestellt waren, sind es heute
auch die Mitarbeiter und Partner eines Planungsbüros, die den Erfolg bewirken.

4.12 Selbstdarstellung

Mit dem Begriff Selbstdarstellung werden hier Aktivitäten zusammengefasst, die ein
Planungsbüro nach außen präsentieren kann, und im Wesentlichen sind das Briefbogen,
Visitenkarte, Unternehmensportrait, Projektdokumentation, Referenzen, Internet-Auftritt,
Standort und Kundeninformation. Es geht also um Werbung. Leider wird in der Branche
bisweilen immer noch die Meinung vertreten, ein Architekt oder Ingenieur dürfe gar
keine Werbung machen. Aber das ist inzwischen wohl eher eine Schutzbehauptung dafür
geworden, dass man lieber nichts machen möchte. Denn diese Frage ist geregelt. Verbo-
ten ist zwar vergleichende und herabwürdigende Werbung, aber nicht die informierende
Werbung. Wie sollte auch sonst ein Planungsbüro auf sich aufmerksam machen? Wie das
gemeint ist, erfährt man in der jeweiligen Satzung der Kammern, und z. B. in der Satzung
der Hessischen Architekten- und Stadtplaner-Kammer heißt es dazu: Zulässig sind die
Selbstdarstellung in Broschüren, die Verwendung von Logos oder Symbolen, der Hinweis
auf bestimmte Projekte und ein eingeführtes Qualitätsmanagement-System, redaktionelle
Veröffentlichungen oder sachliche Informationen im Internet und Bewerbungen in Archi-
tektenzeitschriften. Nicht zulässig sind insbesondere bezahlte Anzeigen mit reklamehafter
Werbung, Herabsetzung der Berufskollegen, Massenwerbung in „marktschreierischer"
Weise, Veröffentlichungen, die von Dritten finanziert werden, und vergleichende oder irre-
führende Werbung. Obwohl diese Formulierung nicht neu ist, könnte man den Eindruck
gewinnen, dass die aktuelle Werteorientierung der Input-Geber war.

Wie alt das Thema Werbung schon ist, zeigt ein Beispiel aus viel früherer Zeit, das zum
Schmunzeln anregt:

Setze dich und deine Ware ins rechte Licht (eine Weisheit aus dem 17. Jahrhundert):

Du kannst dich nicht darauf verlassen, dass alle deinen wahren Wert von selbst erkennen. Es genügt nicht, dass etwas an sich gut ist, damit es alle beachten und es kennen lernen wollen. Die meisten machen einfach nach, was die anderen vormachen, oder machen, was sie schon immer gemacht haben. Es ist deshalb von großer Wichtigkeit, auf seine Ware aufmerksam zu machen und ihr einen schönen Namen zu geben. Denn durch Loben weckt man die Neugierde. Aber Prahlen und Übertreiben ist dabei fehl am Platz. Es ist immer klug, vorzugeben, für die Klugen da zu sein, denn jeder hält sich für klug oder möchte es sein. Deine Ware soll nie als gewöhnlich dargestellt werden. Denn jedem gefällt das Ungewöhnliche oder Besondere. Es schmeichelt seinem Geschmack und seinem Verstand [19].

Trotz dieser zahlreichen Möglichkeiten für werbliche Maßnahmen gestaltet sich die Werbung der Planungsbüros viel eingeschränkter als z. B. diejenige der Produktionsunternehmen. Letztere gehen mit ihrer Sales Promotion viel näher an die Kunden heran. Das ist auch nicht neu. Denn auch ältere Betriebswirte haben schon als Student gelernt, dass es entscheidend auf den Point of Purchase ankommt. Deshalb befinden sich im Kaufladen die Regale für Süßwaren und Schokolade in Augenhöhe der Kinder, damit sie ihre Mütter so lange quälen, bis sie ihnen etwas gekauft haben. In japanischen Supermärkten werden die Regale sogar täglich umgeräumt, z. B. morgens für das schnelle Frühstücksangebot und abends für Bier und Snacks. Bei Skirennen wird am Start das Logo einer Automarke platziert, wodurch der Vorsprung durch moderne Technik und Schnelligkeit charakterisiert werden soll, während am Ziel eine Schokoladenmarke die süße Belohnung für die erbrachte Leistung symbolisiert.

Einen derartigen Aufwand brauchen die Planungsbüros nicht zu betreiben, und selbst eine Bandenwerbung im örtlichen Stadion würde zu viel Streuverluste (Kosten im Verhältnis zur dort erreichbaren Zahl von potentiellen Kunden) verursachen. Aber auch für die Planungsbüros beginnt die Selbstdarstellung mit dem **Briefbogenkopf**, der bei den meisten auch ein Logo enthält. Das gleiche Logo muss dann natürlich auch auf der obligatorischen **Visitenkarte** erscheinen. Die Visitenkarte selbst muss so gestaltet sein, dass sie beim Empfänger leicht auffindbar ist und ein übliches Format zur Aufbewahrung hat. Es muss dafür Sorge getragen werden, dass alle Mitarbeiter damit ausgestattet sind, und sich nicht einige noch mit der alten Visitenkarte vorstellen, nur weil diese ihnen besser gefällt als die neue.

Die Visitenkarte des Unternehmens ist das **Unternehmensportrait** bzw. der Flyer, nicht mehr als ein zweimal gefaltetes DIN-A4-Blatt (s. Abb. 4.6). Der von vornherein eingeschränkte Umfang sorgt dafür, dass daraus nicht eine Jubiläumsschrift wird. Man muss sich schon bemühen, auf wenig Platz das Unternehmen vorzustellen, mit seinen Qualifikationen, seinem Einzugsbereich, seiner Entstehung und Entwicklung, seinen typischen Projekten, seinen Herausforderungen und seinem Nutzen für die Kunden sowie Partner. Ob dabei auch Abbildungen angebracht erscheinen, kann insofern beantwortet werden, dass es sich dabei um Projektbeispiele handeln sollte, aber nicht um Personen, denn, und das ist der Unterschied zum Internet-Auftritt, man kann dieses Portrait

Abb. 4.6 Das Unternehmensportrait [9]

Inhalt

- Entstehung und Entwicklung

- Unsere Kernkompetenz

- Unsere Leistungen

- Unsere Kunden

- Unsere Projekte

- Unsere Partner

- Unsere Herausforderungen

- Unser Einzugsbereich

- Unser Team

- Unser Verständnis von Zusammenarbeit

- Absender: Adresse, Telefon, Telefax, E-Mail

Umfang

- Maximal sechs Seiten

Bilder

- Ja, aber nicht Personen

Format

- So, dass es der Adressat schnell wieder findet

nicht alle paar Monate neu drucken. Einen solchen Flyer macht man auch nicht nur für potentielle Kunden, auch beim Kontakt mit den „Altkunden" kann er nützlich sein. Sie sollten es, was oft vergessen wird, für Ihre Mitarbeiter und Ihre Partner sowie Mittler nutzen, Sie brauchen es für Veranstaltungen, an denen Sie mitwirken, und für Wettbewerbe. Manche Architekten und Ingenieure haben ihren Flyer sogar dabei, wenn sie Bekannte oder Freunde treffen, und manchmal ergibt sich mehr durch Zufall ein Interesse daran. Dann kann dieses Akquisitionsinstrument sogar dazu führen, dass auch das private Umfeld für einen Auftrag sorgt. Abschließend noch eine Anregung, die schon für den Bewerbungsbrief galt: Auch wenn Ihnen ein Beispiel von einem anderen Unternehmen besonders gut gefällt, schreiben Sie es nicht ab. Drücken Sie es mit Ihren eigenen Worten aus.

Wichtiger Bestandteil der Selbstdarstellung ist weiterhin die **Projektdokumentation**. Darunter versteht man keine Aufzählung sämtlicher Projekte aus vergangener Zeit, sondern die Vorstellung von besonders gelungenen Projekten, möglichst in Form einer Lose-Blatt-Sammlung, damit die geeigneten Beispiele bei Bewerbungen als Anlage direkt verfügbar sind. Die **Referenzliste** ist mehr ein Akquisitionsinstrument für größere Unternehmen mit vielen Kunden und bekannten Namen unter den Auftraggebern. Die kleineren können versuchen, Referenzen auf geschickte Weise in der Projektdokumentation unterzubringen.

Der **Internet-Auftritt** ist inzwischen ein Muss für alle. Auch die Homepage eines Planungsbüros ist insbesondere dafür da, von potentiellen Kunden, potentiellen Mitarbeitern und Partnern gefunden zu werden. Trotzdem werden dabei viele Fehler gemacht. Am schlimmsten ist es, wenn auf Veranstaltungen oder Ereignisse aufmerksam gemacht wird, die schon längst vorbei sind, oder wenn noch Ansprechpartner abgebildet sind, die gar nicht mehr im Unternehmen tätig sind. Beides kommt leider auch bei Planungsbüros vor. Das liegt natürlich daran, dass diese Homepage nicht rechtzeitig aktualisiert wurde. Ein weiterer häufig vorkommender Fehler besteht darin, dass das Unternehmensportrait eins zu eins auf die Homepage umgesetzt wird. Das führt aber nicht nur dazu, dass die Besucher auf dieser Homepage nicht nur nicht auf die gewünschten Details stoßen, sondern es wird der große Vorteil dieses Mediums gegenüber der Drucksache, nämlich die Aktualität und die Interaktion mit dem Besucher, gar nicht richtig genutzt. Schließlich muss man sich schon wundern, welche Schreibfehler einem auf mancher Homepage begegnen.

Aber es gibt auch positive Beispiele. So wird in einer Zeitschrift [20] der interessante Vorschlag gemacht, eine individualisierte Briefmarke in Form des eigenen Logos an den Beginn der Homepage zu stellen, die als Hingucker die Aufmerksamkeit weckt und schnell wiederzuerkennen ist. Dadurch wird die Wahrnehmung durch die Besucher verstärkt, und das ist schließlich die wichtigste Aufgabe des Internet-Auftritts. Manche können auch damit punkten, dass man schnell zu den individuell gewünschten Themen geführt wird und dann auch sofort den dafür zuständigen Ansprechpartner findet.

Etwas nüchterner als die Analyse des Internet-Auftritts fällt demgegenüber die Beurteilung des **Standortes** aus. Auch das äußere Erscheinungsbild eines Unternehmens ist ein Akquisitionsinstrument. Manche achten zu wenig darauf und begründen das damit, dass die Kunden ja normalerweise nicht zu ihnen kämen, sondern sie zu den Kunden gehen. Das stimmt zwar, entschuldigt aber nicht, dass das das Firmenschild am Eingang kaum zu finden ist, dass es keinen Hinweis auf eine Parkmöglichkeit gibt oder dass der Putz bereits von den Wänden bröckelt. Im weiteren Sinn gehören zum (Außen-)Standort auch das Baustellenschild sowie ggf. die Beschriftung betrieblicher Fahrzeuge, und auch darauf muss geachtet werden.

Schließlich soll ein relativ neues Akquisitionsinstrument beschrieben werden, und das ist der **Kundeninformationsbrief**. Entstanden ist dieses Medium in Anlehnung an die Kundenzeitschriften der Energieversorgungsunternehmen. Da die Planungsbüros bei Weitem nicht so viele Kunden haben wie die Stadtwerke, wählen sie als Kommunikationsmittel keine Zeitschrift, sondern einen Brief, und den auch nur zwei- oder dreimal im Jahr. Der wesentliche Inhalt eines solchen Briefes wird in Abb. 4.7 beschrieben. Es geht darum, Kunden und Partner über wichtige Vorkommnisse im Unternehmen zu informieren, also z. B. neue Mitarbeiter, ein besonders interessantes Projekt, den erfolgreichen Erwerb einer Zusatzqualifikation, eine neue technische oder kaufmännische Software, ein Umzug, eine neue Organisation oder ein Jubiläum.

Abb. 4.7 Kundeninformationsbrief

Gegenstand:	Mix aus Information, Unterhaltung und unaufdringlicher Eigenpräsentation
Anlässe:	Unterscheidungsmerkmal im Wettbewerb, Kundenpflege, Kontakt mit Multiplikatoren
Themen:	Beiträge zu Fachthemen von den Projektverantwortlichen, Unternehmensberichte (zum Beispiel über Personalveränderungen, Veranstaltungen, neue Aufträge), Informationen über Veröffentlichungen von gemeinsamen Interessen („Für Sie gelesen")
Service:	Angebot von weiteren Infos, Aufforderung zu Kritik und Anregungen
Lieferung:	Per Post oder E-Mail (Abonnement)
Wann:	Zwei- bis dreimal pro Jahr
Risiko:	Die Ideen dafür gehen aus. Deshalb: Beauftragung einer kleinen PR-Agentur

Meistens gibt es darüber hinaus eine ständige Rubrik mit der Überschrift: „Für Sie gelesen." Darunter wird über Aspekte berichtet, die auch die Kunden sowie Partner interessieren könnten, z. B. neue Rahmenbedingungen oder politische Entscheidungen, die das betreffende Büro anderen Quellen entnommen hat, und wofür bei Interesse der vollständige Wortlaut des Artikels auf Abruf angeboten wird. Manche haben sogar den Mut, in diesem Brief über die Vermeidung eines Fehlers zu berichten, wozu ihnen ein Kunde verholfen hat, und das kann sich eines Tages besonders auszahlen. Die Frage, ob man diese Information per Brief oder per E-Mail verschicken soll, ist ähnlich zu entscheiden wie beim Bewerbungsbrief. Aufgrund der bisherigen Erfahrungen kommt diese akquisitorische Maßnahme besonders zur Kundenbindung gut an, denn manche wollen sogar auf Dauer in den Verteiler aufgenommen werden. Allerdings soll auch ein Risiko, das mit dieser Maßnahme verbunden ist, nicht verschwiegen werden. Am Anfang besteht dafür normalerweise eine starke Motivation, auch bei den Mitarbeitern, und es kommen genug Beiträge zusammen. Aber nach einer gewissen Zeit erlahmt das Interesse und die Sache droht wieder zu verschwinden. Um das zu vermeiden, besteht eine Möglichkeit darin, eine branchenkundige kleine PR-Agentur mit der Erstellung des allgemeinen Teils und damit zu beauftragen, Ideen für die Mitarbeiter einzubringen.

Zum Schluss dieser umfangreichen Möglichkeiten zur Selbstdarstellung gibt es noch einen generellen Hinweis: Machen Sie das alles nicht allein, sondern engagieren Sie (nicht nur beim Kundenbrief) eine PR-Agentur oder einen Grafiker. Auf dieser Weise können Sie auch den Konflikt zwischen falscher Bescheidenheit und peinlicher Selbstdarstellung vermeiden.

4.13   Kundenpflegekonzept

Was man alles wissen sollte (von den Kunden) und wie man daraus ein Pflegekonzept entwickeln kann, wird in Abb. 4.8 noch einmal zusammengefasst. Das erforderliche Informationsmaterial wird dabei bewusst umfassend vorgeschlagen, damit man nichts vergisst. Das heißt zwar nicht, dass man diese Daten alle auf einmal erfassen kann. Aber über einen längeren Zeitraum füllt sich dieses Gerippe dann doch, auch hier sorgt die ABC-Analyse für entsprechende Prioritäten, und bitte denken Sie daran, diese Daten laufend zu aktualisieren.

4.14   AIDA

Kennen Sie AIDA? AIDA ist die Abkürzung für Attention, Interest, Desire sowie Action, und soll dabei helfen, einen Prospekt, einen Brief oder auch ein wichtiges Telefongespräch richtig zu formulieren bzw. aufzubauen. Vielleicht hält jemand das bei einem Telefongespräch für übertrieben, aber wenn man bedenkt, welche Probleme solche schlecht geführten Telefongespräche schon gebracht haben, dann wird man dieser Meinung nicht folgen können.

Abb. 4.8 Kundenpflegekonzept [9]

Kundendaten

- Adresse, Telefon, Fax, E-Mail
- Rechtsform, Gesellschafter, Organe, Amtsträger
- Ansprechpartner, Entscheidungsträger, Sekretariat
- Geschäftsfelder, Filialen, Kunden, Konkurrenten
- Mitgliedschaften, Einfluss in der Branche, Objekte
- Meinungsbildner, Partner, Konkurrierende Planungsbüros
- Bestimmte Erwartungshaltungen, wichtige Anlässe
- Planungszyklus, zu vermeidende Fehler
- Gegebenenfalls in Frage kommende Partner
- Zusammenarbeit seit, bisheriges Auftragsvolumen
- Bemerkungen und Empfehlungen
- Zuständig bei uns:

Bewertung im Kundenportfolio

- Umsatz, Deckungsbeitrag, Bonität, Häufigkeit
- Zahlungsmoral, Cross-Selling-Potenzial, Zukunftspotenzial
- Beziehungen, Selbstständigkeit, Multiplikatoreffekt

Position im Kunden-Ranking

Kommunikationsdaten

- Letzter Auftrag
- Letzter Kontakt
- Letzte Information
- Letzter Besuch im Internet

Bei allen Aktionen kommt es zunächst darauf an, Aufmerksamkeit zu erzeugen. Man kann Attention auch mit „Achtung" übersetzen, was die Sache noch besser trifft, Denn, wenn es nicht gelingt, dass der Adressat anfängt zu lesen oder der Mensch am anderen Ende des Telefons überhaupt zuhört, dann scheitert man schon am ersten A. Das ist z. B. dann der Fall, wenn ein Planungsbüro seinen Bewerbungsbrief an jemanden richtet, der dafür gar nicht zuständig ist, und mit dessen Freundlichkeit, diesen Brief an den zuständigen Kollegen weiterzuleiten, sollte man lieber nicht rechnen.

Wenn Sie diese Hürde genommen haben, dann geht es darum, Interesse für das Angebot zu erzeugen. Es muss also ein Bedarf dafür vorhanden sein. Nehmen wir an, es gelingt Ihnen auch, im Brief oder beim ersten Telefongespräch diesen Bedarf anzusprechen. Aber bei Ihrer weitergehenden Information schicken oder zeigen Sie Beispiele, die nicht das Objekt oder Projekt betreffen, für das sich der potentielle Auftraggeber interessiert – dann ist das Interesse schnell wieder vorüber.

Ist auch diese Hürde bestanden, dann soll beim Adressaten der Wunsch entstehen, unbedingt mehr darüber erfahren zu wollen, man muss ihn also neugierig machen. Das gelingt am besten, wenn man eine Problemlösung anbieten kann, auf die andere nicht so schnell kommen, und wenn Sie aufgrund Ihrer speziellen Erfahrung mit dieser Aufgabe bestimmte Fehler vermeiden können, die andere erst noch machen müssen, um das zu lernen. Auch dabei muss man auf die Formulierung achten. Denn selbst eine kleine Unachtsamkeit kann schon zu größeren Problemen führen. Wenn Sie z. B. schreiben, dass Sie Ihren Kunden „erfolgreicher" machen wollen, dann ist das in Ordnung. Aber wenn Sie aus erfolgreicher „erfolgreich" machen, dann ich das schon fast eine Beleidigung, denn Sie unterstellen damit doch, dass er jetzt nicht erfolgreich ist.

Erst jetzt kommt es zu einer Handlung. Vielleicht ist das schon der begehrte Auftrag. Aber seien Sie nicht unzufrieden, wenn Sie im zweiten Schritt (nur) zu einer (weiteren) Besprechung eingeladen werden, und auch dann gilt wieder AIDA.

4.15 Unique Selling Proposition (USP)

Neben AIDA gibt es in diesem Zusammenhang noch einen Ausdruck, der mehr als Abkürzung bekannt ist. Glücklicherweise gibt es dafür aber einen deutschen Begriff: Alleinstellungsmerkmal. Auch der Begriff Kernkompetenz trifft diese Situation. Es geht also darum, herauszufinden, was man besser kann als andere (Planungsbüros). Warum ist das so wichtig? Weil es zum wichtigsten Unterscheidungsmerkmal für Aufträge werden kann. Der Grund ist eigentlich verständlich. Denn wenn die fachlichen Leistungen mehrerer Planungsbüros vergleichbar gut sind, dann wird der potentielle Auftraggeber nach anderen Kriterien suchen, die ihm die Entscheidung ermöglichen. Das könnten z. B. sein:

- die besondere Erfahrung mit bestimmten Objekten,
- eine gefragte Zusatzqualifikation,

- ein zertifiziertes QMS,
- die Fähigkeit und Erfahrung bei der Zusammenarbeit mit anderen Dienstleistern am Bau,
- die ständige Erreichbarkeit und Ansprechbarkeit,
- die Präsentationsfähigkeit (auch im Namen des Auftraggebers),
- die Kosten- und Terminsicherheit,
- der Umgang mit dem Thema Umweltschutz,
- das Verständnis für die Bedürfnisse der eigentlichen Nutzer und
- die Anpassungsfähigkeit an sich verändernde Verhältnisse.

Die meisten Argumente gehen zurück auf die bereits beschriebenen weichen Faktoren, sind also kaum berechenbar, können aber – wenn man das professionell macht – zu einer Unverwechselbarkeit durch Schaffung einer Wertnische führen.

4.16   Gefährdete Kundenbeziehungen

Es kommt leider immer wieder vor, dass Kunden ihr Unternehmen verlassen, und das Schlimme daran ist, dass die meisten Unternehmen das nicht oder erst zu spät merken. Denn die Abwanderer erzählen das den Betroffenen nicht, sondern Bekannten oder Konkurrenten. Es gibt auch empirische Untersuchungen darüber, warum sie das machen. Dabei stellt sich interessanterweise heraus, dass es nicht hauptsächlich der Preis war, wie die meisten zunächst vermutet hatten, sondern „weiche" Faktoren wie Unfreundlichkeit am Telefon oder ungeschickte Verhaltensweisen auf der Baustelle.

Es lohnt sich also darüber nachzudenken, wie man gefährdete Kundenbeziehungen bemerken kann. Was vielen noch am ehesten auffällt, ist, dass der Umsatz zurückgeht. Das kann allerdings auch daran liegen, dass dieser Kunde z. Zt. keine Aufträge zu vergeben hat. Etwas aufmerksamer sollte man aber werden, wenn ein Kunde neuerdings Reklamationen wegen Kleinigkeiten vorbringt. Da das oft auf eine momentane Verärgerung zurückzuführen ist, kann man noch rechtzeitig die Flucht nach vorn antreten und diese Sache aus der Welt schaffen. Kritisch wird es, wenn öfter zugesagte Gesprächstermine kurz vorher abgesagt werden, was vorher nicht der Fall war. Ähnlich gefährdet ist eine Kundenbeziehung, wenn der Gesprächspartner kaum noch zu erreichen ist und wenn die Gesprächszeit deutlich reduziert wird. Versuchen Sie deshalb herauszubekommen, was der Grund dafür sein könnte und beziehen Sie auch die Mitarbeiter in diese Erkundung ein.

Zu spät ist es, wenn das Angebot der Konkurrenz öfter ins Gespräch gebracht wird, und man kann auch nichts mehr machen, wenn sich bei einem Kunden die Eigentumsverhältnisse ändern. Denn dann bringt der Übernehmer sein Planungsbüro mit. Dem Steuerberater und dem Unternehmensberater geht es aber auch nicht besser.

Diejenigen, die öfter mit solchen Gefährdungen konfrontiert werden, sind gut beraten, ein Beschwerdemanagement aufzubauen, und das ist Chef-Sache. Es gibt sogar Beispiele dafür, dass nachher eine bessere Beziehung zustande kommt als vorher. Das gelingt allerdings nur, wenn glaubhaft gemacht werden kann, dass man aus diesem Fehler gelernt hat und eine gleiche Situation nicht noch einmal vorkommen wird.

4.17 Customer-Relationship-Management (CRM)

Die Bedeutung und die Auswirkung von Customer-Relationship-Management wird noch weitgehend unterschätzt. Manche denken dabei sogar (vielleicht wegen der Abkürzung) an ein Software-Programm. Das gib es zwar auch, aber es ist nur ein Werkzeug dafür. Es geht sozusagen um die Krönung aller Maßnahmen, die in diesem Kapitel besprochen wurden. Angefangen von der Information, über die Analyse und Bewertung, Kompetenzen, Beziehungen und Bewerbungen bis zum einzigartigen Ziel von alledem: optimale Kundenorientierung zur Gewinnung und Erhaltung der Kunden.

Am treffendsten zum Ausdruck gebracht hat das ein Seminarteilnehmer, wenn er feststellt: „Die Präsentation eines ersten erfolgreichen Projektes ist nicht der Abschluss eines Ingenieurvertrages, sondern der Beginn einer Beziehung." Was ein kundenorientiertes Planungsbüro ist, können Sie sich jetzt wahrscheinlich besser vorstellen, und prüfen können Sie sich auch (s. Abb. 4.9 [21]). Es ist in der Tat nicht wenig, was man dabei alles beachten sollte. Aber man muss ja auch nicht alles auf einmal erreichen. Beginnen Sie damit, festzustellen, von wem Sie Ihre Aufträge in den letzten Jahren bekommen haben. Sie werden

Abb. 4.9 Kundenservice auf dem Prüfstand [9]

- Sind wir einfach zu kontaktieren (persönlich, per Telefon, Post, Fax oder E-Mail)?

- Gehen wir aktiv auf den Kunden zu?

- Behandeln wir unsere Kunden als Individuum, als Bittsteller oder als Störenfried unseres Arbeitsablaufes?

- Hören wir zu, kennen wir die Bedürfnisse und Wünsche unserer Kunden?

- Besitzen wir fest definierte Leistungsstandards und haben wir es verstanden, diese auch gegenüber unseren Kunden zu verdeutlichen?

- Fühlen wir uns für den Kunden und seine Zufriedenheit verantwortlich?

- Verstehen wir uns lediglich als Anbieter einer technischen Leistung oder vielmehr als umfassender Problemlöser?

- Betreuen wir unsere Kunden auch nach dem Kauf?

- Verfügen wir über ein gut funktionierendes Beschwerde-Management-System?

- Führen wir in regelmäßigen Abständen Kundenzufriedenheitsuntersuchungen durch?

dann sicher erkennen, wem Sie eigentlich dankbar sein sollten, und welche Möglichkeiten Sie zusätzlich nutzen könnten. Vielleicht stellen Sie sich sogar die Frage, ob Sie in Ihrem eigenen Unternehmen selbst gern Kunde sein möchten.

Ergebnis: Die zehn „Gebote" der Kundenorientierung
 1. Finden Sie heraus, was Ihre Kunden und potentiellen Kunden wollen!
 2. Unterscheiden Sie zwischen sehr wichtigen (A-), wichtigen (B-) und weniger wichtigen (C-)Kunden!
 3. Sorgen Sie in Ihrem Unternehmen für kundenorientiertes Verhalten!
 4. Bauen Sie ein allgemein zugängliches Kunden- und Informationssystem auf!
 5. Nutzen Sie Ihre Kontakte und Beziehungen!
 6. Achten Sie auf Ihre Selbstdarstellung!
 7. Seien Sie erreichbar, und zwar auf allen Kanälen (im Internet, am Telefon, per Fax, mit der Post und persönlich)!
 8. Gehen Sie nicht davon aus, dass man alles allein können muss. Finden Sie die richtigen Partner!
 9. Machen Sie Ihre Kunden zu Ihren Unternehmensberatern!
10. Glauben Sie nicht, dass Sie diese Aufgabe delegieren oder irgendwo als Komplettleistung einkaufen können. Sie müssen diesen Job selbst machen!

5.1 Der Arbeitsmarkt

Welche Berufe sind heute bei den jüngeren Leuten begehrt? Danach hat ein Marktforschungsinstitut 700 Schüler gefragt, und die haben den Ingenieur als Berufswunsch unter den Top Ten an die 5. Stelle gesetzt [22]. Ähnlich aufschlussreich ist die Untersuchung der Frage, welche Fachgebiete den größten Bedarf an neuen Mitarbeitern haben. Unter den hundert begehrtesten akademischen Berufen landen die Ingenieure danach hinter Lehrern und Ärzten auf Platz 3 [22]. Für die Jobsuche sind das also geradezu ideale Voraussetzungen. Allerdings sollte auch erkannt werden, dass das Fachwissen allein dafür nicht ausreicht. Die Ingenieure und Architekten brauchen außerdem Teamgeist sowie die Fähigkeit zur Zusammenarbeit mit anderen. Persönlichkeit schlägt Fachkompetenz, kann man inzwischen sogar lesen [23], und damit haben auch Bewerber eine Chance, deren Fachwissen zwar zunächst nicht ausreicht, deren Persönlichkeit und deren Motivation aber überzeugen können. Auch Ältere haben wieder berufliche Aussichten, einige werden schon wieder aus dem Abschied zurückgeholt.

Bei den Arbeitgebern auf der anderen Seite dieses Marktes hat sich die Situation ebenfalls verändert. Während noch vor einiger Zeit Mitarbeiter entlassen werden mussten, die anschließend froh waren, noch ab und zu einen Auftrag als Freier Mitarbeiter zu bekommen, sind qualifizierte Mitarbeiter heute immer schwieriger zu beschaffen. Auch bei den Planungsbüros gibt es inzwischen Fälle, dass Aufträge nicht mehr angenommen werden konnten, weil die Ingenieure dafür fehlen. Diese Situation wird durch folgende Aussage eines Inhabers aus dem Bergischen Land deutlich: „Ich bekomme keine Mitarbeiter mehr, ich kriege noch nicht einmal einen schlechten." In den Fachzeitschriften liest man immer öfter Überschriften wie „Die Personalfrage wird zum wichtigsten Problem der Planungsbüros" oder „Personalsuche und Personalbindung werden entscheidende Faktoren bei der künftigen Entwicklung der Ingenieurbüros", und der VBI berichtet, dass zwei Drittel der Büros keine Mitarbeiter mehr finden.

© Springer Fachmedien Wiesbaden GmbH 2017
D. Goldammer, *Betriebswirtschaft für Architekten und Bauingenieure*,
DOI 10.1007/978-3-658-16462-1_5

Personalbeschaffung und Personalentwicklung werden deshalb eine zunehmende Herausforderung für die Planungsbüros. Lediglich aufgrund einer Stellenanzeige im DIB oder im DAB funktioniert das jedenfalls nicht mehr. Vielleicht ist diese Wende am Arbeitsmarkt aber auch ein Weckruf, denn bisher haben die Planungsbüros im Vergleich zu anderen Branchen relativ wenig für ihre Mitarbeiter getan, von den unterdurchschnittlichen Weiterbildungskosten ganz zu schweigen. Der Fachkräftemangel wird deshalb auch die Weiterbildung fördern.

Diese Aufgabe trifft auf eine Klientel, die sich stark wandelt. Dauerhafte oder gar lebenslange Arbeitsverhältnisse gibt es immer seltener. Zeitarbeitsverträge und projektbezogene Tätigkeiten als Selbständige treten an ihre Stelle. Die Mitarbeiter werden sozusagen zum unternehmerischen Vermarkter ihre „Ware" Arbeitskraft. Anstatt Fremdkontrolle gibt es jetzt Selbstkontrolle. Die neue Arbeitswelt verändert die Lebensperspektive der Menschen und die Kultur der Unternehmen. Einen gradlinigen Lebenslauf gibt es immer weniger. Arbeitnehmer, die heute fest angestellt sind, sind morgen Teil eines zeitlich begrenzten Forschungsprojektes und übermorgen selbständig.

Dadurch erhöht sich das Interesse der Mitarbeiter an mittelständischen Unternehmen, wo sie noch nie einen besonderen hierarchischen Aufstieg erwarten konnten, dafür aber ein kollegiales Betriebsklima, Selbständigkeit und für einige sogar die spätere Übernahme, die es in den Konzernunternehmen nach wie vor nicht gibt. Aber das müssen die potentiellen Mitarbeiter der Planungsbüros natürlich auch wissen, denn sonst kommen sie nicht darauf. Es ist also mit den Mitarbeitern ähnlich wie mit den Kunden: Um beide muss man sich bemühen, sonst bekommt man sie nicht.

Auch die Diskussion für oder gegen eine Frauenquote wird sich bei den Planungsbüros nicht stellen, weil dieses Problem sich von allein lösen wird. Es gibt nicht genügend Männer, die in Zukunft benötigt werden, und weder fachlich noch persönlichkeitsbezogen sind die Frauen besser oder schlechter als die Männer. Es geht hier auch nicht um Funktionen in Aufsichtsräten oder Vorständen, denn die gibt es fast nicht, und dass sie aus familiären Gründen nicht immer eine Vollbeschäftigung anstreben, gilt mittlerweile auch für viele Männer, wenn auch aus anderen Gründen. Den Planungsbüros wird also nichts anderes übrig bleiben, als die weiblichen Mitarbeiter zu fördern und sie nach der Familienpause wieder zurückzuholen. Immer mehr Planungsbüros tun aber auch etwas dafür (s. Abschn. 5.2 und 5.7).

5.2   Attraktivität des Arbeitsplatzes

Während früher noch das hauptsächliche Ziel der Weiterbildung darin bestand, die Mitarbeiter fit für mehr Umsatz zu machen, denken die Unternehmen heute in erster Linie daran, sich für qualifizierte Arbeitnehmer attraktiv zu machen, und das gilt natürlich auch für die Planungsbüros. Aber wie macht man das?

Wenn man von München aus in Richtung Passau fährt und die Gegend in Niederbayern immer ruhiger wird, dann kommt man alsbald in einem Ort an, in dem ein großes

Planungsbüro seinen Sitz hat. Unwillkürlich fragt man sich, wie es die Geschäftsführung anstellt, in einer relativ abgelegenen Gegend so viele Mitarbeiter nicht nur zu bekommen, sondern auch zu behalten. Aber dann wird man um eine Erfahrung reicher. „Unsere Mitarbeiter", sagt der Geschäftsführer, „sind überwiegend in dieser Region geboren, sie gehen zwar zum Studium fort, kommen aber danach wieder zurück. Dann machen wir Folgendes:

Wir fördern den Kindergarten in unserer Gemeinde, denn um einen eigenen Kinderhort als Unternehmen aufzubauen, sind wir nicht groß genug. Wir freuen uns darüber, wenn einer unserer Mitarbeiter sich für die Kommunalpolitik seiner Wohnsitzgemeinde engagiert. Wir achten darauf, dass ein Projektleiter nicht gerade dann zu einem Einsatz im Ausland geschickt wird, wenn seine Frau kurz vor der Niederkunft steht. Wir halten Kontakt zu unseren früheren Mitarbeitern, die meistens aus familiären Gründen ausgeschieden sind. Wir sind so etwas wie eine große Familie mit vielen Mitarbeitern als Gesellschafter."

Dieses Beispiel ist aber eine Ausnahme, denn in den meisten Planungsbüros ist das Personalmanagement immer noch ein Stiefkind. Sie beklagen sich zwar darüber, dass sie keine qualifizierten Mitarbeiter mehr bekommen, aber sie haben bisher auch zu wenig dafür getan. Was man alles machen kann, wird in Abb. 5.1 aufgezählt, und vielleicht fällt dabei auf, dass es sich nicht (direkt) um materielle Entlohnungen handelt. Darüber werde ich später noch sprechen. Hier geht es zunächst darum, den Arbeitsplatz in einem Planungsbüro als attraktive Alternative zum Job in einem Konzernunternehmen darzustellen

Abb. 5.1 Arbeitsplatzattraktivität [7]

Wie kann sich ein Planungsbüro im Wettbewerb um Mitarbeiter mit größeren Unternehmen interessant machen?

- Ansprechpartner für Diplomanden und Praktikanten
- Eintritt und Aufnahme in die Mannschaft
- Einarbeitung mit Hilfe eines Paten
- Flache beziehungsweise gar keine Hierarchien
- Verwirklichung von Selbstständigkeit
- Flexible Arbeitszeit
- Gezielte Fortbildung
- Erwerb von Zusatzqualifikationen
- Direkte Nähe zu den Kunden
- Einfluss auf neue Entwicklungen
- Kontrolle durch Soll/Ist-Vergleich
- Zusammenarbeit mit Partnern
- Einbindung in das Netzwerk des Unternehmens
- Mitarbeitergespräche mit Zielvereinbarungen
- Erfolgsbeteiligung
- Chancen für die Nachfolge
- Mitarbeiter als Mitunternehmer

Ziel: Mitarbeiter bekommen und behalten!

und auszuloben. Denn die mit dem Studium fertig werdenden Ingenieure nennen immer noch Siemens, Bosch, BMW oder Mercedes als ihren Wunsch-Arbeitgeber, weil sie nicht wissen, welche Möglichkeiten und Chancen es in mittelständischen Unternehmen gibt.

Besonders hervorzuheben sind dabei diejenigen Möglichkeiten, die es in großen Unternehmen normalerweise nicht gibt, nämlich die kapitalmäßige Beteiligung am Unternehmen, und die – wenn auch nur für einen oder wenige – bestehende Möglichkeit der Nachfolge. Geringer ist oft auch das Risiko des Arbeitsplatzverlustes aufgrund von Übernahmen und Fusionen. Die Chance, zu lernen, wie man sich selbständig macht, ist größer, und die ebenfalls anzutreffende Meinung, dass man meistens nur für große Unternehmen im Ausland tätig werden könne, stimmt zwar (noch), inzwischen bieten aber auch immer mehr Planungsbüros derartige Möglichkeiten.

Es gibt sicher viele Entschuldigungsgründe, warum man dies und das nicht machen könne. Es soll hier ja auch niemand animiert werden, alles auf einmal zu machen. Aber eine Entschuldigung zieht nicht, nämlich die, dass man zu klein sei, um überhaupt etwas zu machen!

Bei den großen Unternehmen taucht neuerdings wieder ein Begriff auf, den es auch schon früher einmal gab, nämlich die Fachkarriere. Damit möchte man Mitarbeiter mit wichtigen Spezialkenntnissen parallel zu denen, die immer mehr Leute unter sich haben, befördern. Finanziell ist das auch mehrfach gelungen, aber die Experten in der Fachlaufbahn haben nicht das Ansehen und die Anerkennung bekommen wie ihre Kollegen in der Führungslaufbahn. Wahrscheinlich ändert sich das jetzt, weil es immer weniger Führungskarrieren gibt, immer mehr Experten benötigt werden und auch die Statussymbole wie ein großes eigenes Büro, Firmenwagen und Sekretärin allmählich verschwinden werden.

Damit wird auch ein Arbeitsplatz als Experte in einem Planungsbüro vergleichbar interessant wie jener in einem Konzernunternehmen. Hier versteht man auch als Experte besser, warum ein Spezialist nicht Einzelkämpfer sein kann, sondern sich in das gesamte Team einbringen muss. Neuerdings taucht auch in den kleineren Unternehmen eine neue Initiative zur Förderung der Leistungsfähigkeit auf, und das ist die betriebliche Gesundheitsförderung. Die betreffenden Unternehmen können sich dieses Engagement sogar beim TÜV zertifizieren lassen. Dahinter steckt die Erkenntnis, dass körperliche, seelische und geistige Leistungsfähigkeit der Mitarbeiter ein besonders kostbares Gut der Unternehmen ist.

5.3   Mythos Motivation

Es gibt wohl kaum einen Begriff, der beim Personalmanagement so oft strapaziert wird, wie die Motivation. Es gibt Befürworter und es gibt Gegner. Wahrscheinlich besteht auf beiden Seiten das Missverständnis, dass nur an materielle Möglichkeiten der Motivation gedacht wird. Dass das nicht immer gut gehen kann, haben auch die Planungsbüros beim Versuch eines individuellen Prämiensystems schon erlebt (s. Abschn. 5.9).

Ganz schlecht ist es natürlich, wenn ein Chef überhaupt nicht motiviert, nach dem Motto: Wenn ich nichts sage, ist das doch eigentlich schon Lob genug. Ähnlich frustrierend ist es, wenn nur gemeckert wird, dass ein Mitarbeiter schon wieder zu lange für die Bearbeitung eines Projektes gebraucht habe, ohne dass der überhaupt wusste, was die Situation für das Nicht-Meckern gewesen wäre (s. auch Abschn. 3.3).

Andere versuchen hingegen schon beim Bewerbungsgespräch herauszufinden, was den Kandidaten motiviert und wozu, und spätestens jetzt stellt sich die Frage: Was ist eigentlich Motivation? Eine mögliche Antwort darauf ist folgende: Wenn man in Berlin ein mittelgroßes Hotel mit 60 Mitarbeitern, Restaurant und Saunabetrieb besucht, dann fällt einem auf, dass der Besitzer, wenn man sich nicht gerade mit ihm unterhält, nur herumläuft, telefoniert und mit vielen Leuten redet. Wenn man ihn etwas besser kennt, kann man ihn fragen: „Klaus, Du hast einen Hoteldirektor, einen Empfangschef und einen Restaurantleiter, was machst Du eigentlich?" „Nichts weiter als jeden Tag diese 60 Mitarbeiter zu motivieren", antwortet er dann. Auf die weitergehende Frage, was er denn darunter verstehe, konnte er zwar auch keine plausible Antwort geben, aber man merkt es später selbst. Denn seine sämtlichen Leute sprachen einen mit dem korrekten Namen an. Wenn man am Abend in das Hotel zurückkam, wurde man von seinem Stellvertreter empfangen, der sich dafür entschuldigte, dass der Chef erst in etwa einer Stunde kommen würde. Die Bedienung an der Bar hatte sich gemerkt, welches Getränk ich beim letzten Mal bevorzugt hatte, und beim Auschecken am übernächsten Tag wusste die Mitarbeiterin an der Rezeption bereits, mit welchem Flugzeug ich wieder nach Düsseldorf fliegen wollte.

Damit wird plausibel, was Motivation alles bewirken kann, auch wenn man es nicht genau definieren kann. Zwar handelt es sich hier um ein Beispiel aus einer anderen Branche, aber insoweit unterscheidet sich ein Planungsbüro gar nicht von einem Hotel- und Restaurantbetrieb. In allen Unternehmen dient die Motivation dazu, die Mitarbeiter erfolgreicher zu machen. Natürlich gibt es auch Erfahrungen, die nicht so gut geklappt haben, z. B. in dem Planungsbüro, in dem die Sekretärin hoch motiviert von einem Rhetorik-Seminar zurückkommt und dann bei jedem Anruf ihren auswendig gelernten Spruch aufsagt, bei dem sie der Anrufer nicht unterbrechen kann. Aber es gibt auch viele positive Erfahrungen, z. B. die Mitarbeiterin, die zwar nicht für eine Frage des Anrufers zuständig war, aber innerhalb einer halben Stunde dafür gesorgt hat, dass der betreffende Kollege sich meldete. Wenn man solche positiven Erfahrungen gemacht hat, dann sollte man auch dem Chef bei nächster Gelegenheit darüber berichten, und zwar so, dass der sich bemüßigt fühlt, das Lob an die Mitarbeiterin weiterzugeben. Das hat den zusätzlichen Effekt, dass man beim nächsten Besuch dieses Büros von der Mitarbeiterin dankbar angelächelt wird.

Ein anderer nicht so positiver Fall: Ein Kunde ruft den Inhaber eines Planungsbüros an, es meldet sich die Sekretärin und erklärt, dass ihr Chef gerade auf der anderen Leitung telefoniere. Dann fragt sie den Kunden, ob er am Telefon warten oder noch einmal anrufen wolle! Aber der Anrufer weiß doch gar nicht, wie lange der Chef noch telefoniert und ob er nachher überhaupt noch da ist. Sie müsste stattdessen anbieten, zurückzurufen, und zwar nicht erst am nächsten Tag. Der Kunde hatte den Mut, die Sekretärin auf ihre nicht gerade kundenorientierte Verhaltensweise aufmerksam zu machen, und erfährt, dass sie ihm für diesen Hinweis sogar dankbar ist, denn bisher hatte ihr das noch niemand erklärt.

Ein anderes Beispiel ist die Situation eines schon etwas älteren Inhabers, der zwar noch keinen Nachfolger gefunden hatte, der aber seine Mannschaft derartig motivieren konnte, dass sie ihm die Treue hielt, bis ein externer Käufer das Unternehmen übernahm, das nur dadurch noch etwas wert war. Schließlich gibt es Mitarbeiterinnen, die von manchen Inhabern gar nicht als solche wahrgenommen werden, deshalb auch wenig motiviert werden, und das sind deren Ehefrauen.

Inzwischen ist es die Aufgabe der Führungskräfte bzw. Inhaber als Motivatoren und Moderatoren für eine neue Führungskultur zu sorgen. Dahinter verbirgt sich ein anderer Führungsstil. Es geht jetzt um weniger Kontrolle und mehr Koordination. Solche Führungskräfte erfassen die Gefühle der Mitarbeiter genauso wie deren Kompetenzen. Und die Mitarbeiter müssen gerade in Unternehmen mit wenig oder gar keinen Hierarchien, wo es keine weisungsbefugten Abteilungsleiter mehr gibt, sich selbst in die Verantwortung für den Teamerfolg nehmen.

5.4   Personalpolitik

Wenn man in der Diskussion mit Planern fragt, was die begrenzende Schwelle vieler Planungsbüros ist, dann kommen die meisten neben dem Controlling auf die Kundenorientierung und die Mitarbeiterführung. Beides kann man besser machen. Über die Kundenorientierung habe ich schon gesprochen, über die Motivation der Mitarbeiter auch. Was noch fehlt, ist das Personalmanagement. Es ist eigentlich unverständlich, warum für die Entwicklung dieser so wichtigen Ressource so wenig getan wird. Das gilt übrigens auch für die Kammern und Verbände. Es kommt nur ganz selten vor, dass ein Seminar zur Mitarbeiterführung angeboten wird, und wenn, dann muss es oft mangels der erforderlichen Teilnehmerzahl abgesagt werden. Aber das wird sich ändern.

Die Ausgangssituation ist allerdings immer noch weitgehend unbefriedigend. Es gibt keine Anforderungsprofile, Einstellungsgespräche passieren zwischen Tür und Angel, keiner denkt darüber nach, ob der „Neue" in das Team passt, eine Integrationsphase gibt es nur selten, es wird „vergessen", dass ein neuer Mitarbeiter nicht nur fachlich qualifiziert sein soll, sondern auch kommunizieren sowie kooperieren können muss, und manche machen sich das Personalmanagement ganz einfach dadurch, dass sie auf Mitarbeiter zurückgreifen, die gar keine sind, nämlich Freie Mitarbeiter. Auch wird zu wenig bedacht, welchen Schaden frustrierte und unfreundliche Mitarbeiter bei ihren Kontakten mit Kunden, Partnern und Kollegen für das ganze Unternehmen anrichten können, und einen Personalchef, der sich dieses Problems annehmen könnte, gibt es leider nicht.

Mit anderen Worten, Personalpolitik findet eigentlich gar nicht statt. Aber vielleicht bedurfte es ja auch dieses Anstoßes, um schrittweise, systematisch und konsequent an die folgenden Maßnahmen heranzugehen.

5.5 Der „Faktor" Personal

Am Anfang steht die bereits beim Thema Controlling gewonnene Erkenntnis, dass die Personalkosten im Durchschnitt der Planungsbüros fast zwei Drittel der Gesamtkosten ausmachen. Mit den Mitarbeitern steht und fällt der Erfolg eines Unternehmens, aber sie sind auch der größte Kostenverursacher. Das muss man ganz nüchtern sehen, und deshalb muss es auch das Ziel der Personalpolitik sein, Mitarbeiter so auszuwählen und zu führen, dass durch ihre Tätigkeit zumindest eine Kostendeckung und möglichst auch ein zusätzlicher Deckungsbeitrag (s. Abschn. 3.10) entsteht.

Bewusst würde ja wohl kaum ein Inhaber jemanden einstellen, mit dem er dieses Ziel nicht erreichen kann. Das gilt natürlich auch für einen Mitarbeiter, den er schon hat und den er weiterentwickeln möchte. Aber für eine autoritäre Führung, bei der jeder Mitarbeiter morgens gesagt bekommt, was er tagsüber tun soll und was nicht, eignet sich dieser Faktor Personal nicht. Das ist schon deshalb nicht möglich, weil alle eine eigene Verantwortung haben. Im Unterschied zu vielen anderen Branchen ist das Projektmanagement (s. Abschn. 3.2) in den Planungsbüros die normale Form der Zusammenarbeit und nicht ein Sonderfall. Auch in kleinen Büros ist es üblich, dass mehrere Projekte für mehrere Auftraggeber gleichzeitig bearbeitet werden. Ohne einen dafür kundigen Projektleiter, der in der Lage ist, sein Projekt wirtschaftlich zu bearbeiten und souverän zu präsentieren, ginge das gar nicht.

Den klassischen autoritären Führungsstil mit Vorschriften und Maßregelungen hat es in den Planungsbüros aber auch früher kaum gegeben. Diese Methode stammt noch aus einer Zeit, in der man glaubte, dass durch diesen Führungsstil mehr aus den Mitarbeitern herauszuholen sei, als diese es freiwillig täten. Wichtig bleiben aber die Rahmenbedingungen, aus denen nicht einfach jemand ausbrechen kann, also die gegenseitige Information, die Voraussetzungen für die Teamarbeit und das Verständnis dafür, dass auch mal ein Fehler passieren kann (s. Abschn. 2.8). Das heißt aber auch nicht, dass die Mitarbeiter sich völlig selbst überlassen bleiben können. Man denke nur an das Beispiel mit der Sekretärin, die sich am Telefon ungeschickt verhalten hatte und die das ja nicht aus lauter Böswilligkeit machte, sondern nur deshalb, weil ihr das noch niemand besser erklärt hatte. Ohne Führung und manchmal auch konkrete Anleitung (s. Abschn. 5.14) wird es nicht gehen, und über das beste Instrument dafür, nämlich Mitarbeitergespräche mit Zielvereinbarungen, werde ich gleich noch sprechen. Die Wirtschaftlichkeit des Faktors Personal ist also keine statische Größe, sondern durch viele Maßnahmen beeinflussbar, und es beginnt mit dem Anforderungsprofil.

5.6 Das Anforderungsprofil

Es wird zu wenig darüber nachgedacht, welches Anforderungsprofil der neue Mitarbeiter haben sollte, und entscheidend ist dabei die Stelle, nicht die Person, denn die soll ja zu diesem Job passen. Früher hieß das auch noch anders, nämlich Stellenbeschreibung, und das trifft den Sinn eigentlich besser. Man braucht diese Beschreibung jedenfalls für das Bewerbungsgespräch (s. Abschn. 5.8), denn sonst wissen Sie ja gar nicht, wonach Sie den Kandidaten fragen müssen. Wesentlicher Bestandteil eines Anforderungsprofils sind deshalb die Kriterien, die dabei abgefragt und bewertet werden müssen. Unter den Personalwirtschaftlern besteht weitgehend Einigkeit darüber, dass das folgende zehn Fähigkeiten sein sollten: Fachkenntnis, Teamfähigkeit, Repräsentationsfähigkeit, Engagement, Arbeitserfolg, Initiative, Flexibilität, Ausdrucksvermögen, Zielfestigkeit und Entscheidungsverhalten. Die Reihenfolge dieser Kriterien ist natürlich von Stelle zu Stelle unterschiedlich. Die Fachkenntnis steht hier nur zufällig am Anfang. Sie ist für eine Arbeitskraft, die nur bestimmte Sachaufgaben zu erfüllen hat, kaum mit anderen zusammenarbeiten muss und wenig Kontakt mit Kunden hat, die wichtigste Fähigkeit. Für einen Projektleiter, der mehrere Kollegen koordinieren muss, gilt dies schon nicht mehr. Für einen Controller ist sie etwa gleich wichtig wie die Zielfestigkeit (bzw. sein Durchsetzungsvermögen) und für den Vorgesetzten, der sich auf die (verschiedenen) Fachkenntnisse seiner Mitarbeiter verlassen muss, ist die Fachkenntnis nur noch weniger wichtig. Für einen Mitarbeiter, der viel mit Kunden zu tun hat, sind Repräsentationsfähigkeit und Ausdrucksvermögen besonders wichtig, und für alle im Planungsbüro ist die Teamfähigkeit unabdingbar.

Eine andere Möglichkeit zur Beurteilung von Bewerbern besteht darin, die jeweilige Eignung in der Weise zu ermitteln, dass beantwortet wird, welche Fähigkeiten besonders stark, besonders schwach oder mittelmäßig ausgeprägt sind, bzw. sein sollten [15], und wichtige Kriterien dafür sind: Kontaktfähigkeit, emotionale Stabilität, Dominanz, Sensibilität, Misstrauen, Ängstlichkeit, Selbstdisziplin, Aggressivität und nervöse Spannung (s. auch Abb. 5.2).

Damit wird deutlich, dass nicht nur die wichtigen Kriterien bewertet werden müssen, sondern, dass auch eine auf die Stelle bezogene unterschiedliche Gewichtung erforderlich ist. In diese Richtung ging bereits die zweite hier vorgestellte Methode. Außerdem verändern sich die Anforderungen im Laufe der Zeit. Es muss deshalb von Zeit zu Zeit eine Anpassung erfolgen und besonders sollte man darauf im Falle eines Stellenwechsels achten. Der Nachfolger braucht fast nie genau die gleichen Fähigkeiten wie der Vorgänger. Manche Inhaber sind sogar froh, wenn jemand kündigt, den sie nicht mehr optimal einsetzen konnten, und einige, die solche Anforderungsprofile neu einführen, kommen sogar auf die Idee, diese Methode der Personalauswahl nachträglich auch auf die schon vorhandenen Mitarbeiter anzuwenden. Dabei werden sie regelmäßig Defizite feststellen und sie haben entsprechende Ansatzpunkte für die gezielte Weiterbildung (s. Abschn. 5.14).

Leider ist es nicht immer so, dass sich mehrere Leute auf eine freie Stelle bewerben. Manchmal ist man schon froh, wenn sich überhaupt noch einer meldet. Aber auch dann ist das Anforderungsprofil eine Hilfe bei den erforderlichen Kompromissen.

Wie man praktisch bei der Ausfüllung eines Anforderungsprofils vorgehen kann, soll am Beispiel der Stelle für einen Bauleiter erklärt werden (s. Abb. 5.2) [9]. Sie erkennen dabei drei Kriterien, die besonders auffallen. Das ist zum einen die emotionale Stabilität (das Nervenkostüm, die Belastbarkeit), die sehr stark vorhanden sein sollte, während Feinfühligkeit oder gar Ängstlichkeit möglichst gar nicht vorkommen sollten, denn sonst würde

	SEHR GUT SEHR STARK	GUT STARK	MITTEL	SCHLECHT SCHWACH	SEHR SCHLECHT SEHR SCHWACH
Kontaktfreudigkeit	[ ]	[ ]	[X]	[ ]	[ ]
Intelligenz	[ ]	[X]	[ ]	[ ]	[ ]
Emotionale Stabilität (gute Nerven, Belastbarkeit)	[X]	[ ]	[ ]	[ ]	[ ]
Dominanz	[ ]	[X]	[ ]	[ ]	[ ]
Energie, Tatkraft	[ ]	[ ]	[X]	[ ]	[ ]
Verlässlichkeit	[ ]	[X]	[ ]	[ ]	[ ]
Aktives Kontaktstreben	[ ]	[X]	[ ]	[ ]	[ ]
Feinfühligkeit	[ ]	[ ]	[ ]	[ ]	[X]
Misstrauen, Argwohn	[ ]	[X]	[ ]	[ ]	[ ]
Unkonventionalismus (wenig förmlich, ohne Schnörkel)	[ ]	[X]	[ ]	[ ]	[ ]
Korrektheit, Nüchternheit	[ ]	[X]	[ ]	[ ]	[ ]
Ängstlichkeit	[ ]	[ ]	[ ]	[ ]	[X]
Radikalismus (Neigung zum harten Durchgreifen)	[ ]	[X]	[ ]	[ ]	[ ]
Selbstständigkeit (Neigung, wenig auf andere zu hören)	[ ]	[X]	[ ]	[ ]	[ ]
Selbstdisziplin (Kontrolle des eigenen Verhaltens)	[ ]	[X]	[ ]	[ ]	[ ]
nervöse Spannung (Nervosität)	[ ]	[ ]	[ ]	[X]	[ ]

Abb. 5.2 Anforderungsprofil Bauleiter

der Bauleiter auf der Baustelle untergehen. Die meisten übrigen Kriterien sollten schon gut bzw. stark ausgeprägt sein. Als weder stark noch schwach sind die Kontaktfreudigkeit und die Tatkraft zu bewerten, denn der Bauleiter soll sich ja nicht zum Kumpel entwickeln und er soll weniger selbst aktiv werden, vielmehr die Arbeit der anderen beaufsichtigen. Dabei kann eine gewisse nervöse Spannung nützlich sein und die in dieser Aufstellung fehlende Fachkenntnis könnte am besten auch mit „stark" bewertet werden. Zahlreiche praktische Beispiele zur Verhaltensweise von Bauleitern, insbesondere zur Kommunikation und zum Konfliktmanagement, findet man in der Literatur [24].

Bleibt schließlich die Frage zu beantworten, ob man für die Mitarbeiterführung auch Charisma braucht. Allgemein wird mit diesem Begriff eine starke Ausstrahlung bezeichnet. Die Begabung, auf andere positiv zu wirken, und sie zu inspirieren, wird meistens bei den Politikern gesucht und manchmal auch gefunden. Aber sie gibt es natürlich auch bei anderen Personen, die viel mit Menschen zu tun haben, und zumindest gilt, dass man mit dieser Fähigkeit seine Ziele besser erreicht.

Aufgrund des Fachkräftemangels kommt es in letzter Zeit vor, dass ein Bewerber nicht in vollem Umfang diesen Anforderungen entspricht. Da das betreffende Büro aber oftmals keinen Besseren findet, muss das Unternehmen selbst für den Abbau der Defizite sorgen. Dadurch werden Mitarbeitergespräche (s. Abschn. 5.16) und Personalentwicklung (s. Abschn. 5.14) noch wichtiger.

5.7   Personalmarketing

Vor ein paar Jahren wurde an dieser Stelle noch der Begriff Personalbeschaffung verwendet. Aber inzwischen ist klar geworden, dass die Beschaffung nur die eine Hälfte des Personalmarketings ausmacht. Genauso wichtig ist die Personalerhaltung geworden. Das ist also ganz ähnlich wie beim Marketing für die Kunden. Auch dabei konnte man feststellen, dass es genauso wichtig ist, Kunden zu behalten wie sie zu bekommen, und wenn die Verbände Recht behalten, wird es das zentrale Problem der nächsten Jahre. Das Internet als Personalrekrutierungsinstrument hat auch bei den Planungsbüros Einzug gehalten. Wenn man mit Inhabern spricht, die gerade auf der Suche sind, dann erfährt man als Erstes, dass Anzeigen in Zeitungen leider überhaupt nichts mehr bringen. Selbst die Einschaltung eines relativ teuren Head Hunters wird überwiegend negativ beurteilt. Besser kommen Jobbörsen weg und manche Inhaber wagen sich inzwischen in eine Online-Community, deren Mitglied angeblich jeder zweite Internetnutzer ist. Wenn das also alles so schwierig geworden ist, dann hilft nur eines, man muss selbst aktiv werden.

Beginnen Sie Ihre Personalsuche bereits an der Hochschule, von der Ihre jungen Mitarbeiter kommen und die dorthin noch Kontakte haben. Beschäftigen Sie zeitweise Studenten und Praktikanten, die später vielleicht gerne zu Ihnen kommen und die Sie dann schon kennen. Werben Sie in Ihrem Internet-Auftritt um das Interesse potentieller Mitarbeiter an Ihrem Planungsbüro. Öffnen Sie sich für ältere Mitarbeiter und Teilzeitkräfte. Suchen Sie den Kontakt zu einer zu Ihrer Branche passenden Internet-Stellenbörse, dazu gehört auch Ihre Kammer. Schauen Sie in den Internet-Auftritt Ihrer Mitbewerber, wie die das machen, wahrscheinlich kommen Sie dann auch auf neue Ideen. Fördern Sie die Initiative Ihrer Mitarbeiter, gezielt Freunde und Bekannte anzusprechen.

Entscheidend für den Erfolg einer Stellenausschreibung ist natürlich auch der Inhalt. Allein wegen eines mittelmäßigen Bruttogehaltes kommt heute keiner mehr. Deshalb muss man wissen, was die potentiellen Mitarbeiter wollen. Dazu gibt es zahlreiche Befragungen an Hochschulen und unter jüngeren Angestellten, die darauf hinaus laufen, dass selbständiges Arbeiten, ein gutes Betriebsklima sowie die persönliche Weiterentwicklung oft wichtiger sind als das Gehalt. Da die fertig werdenden Ingenieurstudenten auch bei einzelnen Planungsbüros im Internet auf die Suche gehen, könnte man sich dort wie folgt vorstellen:

- Unser Unternehmen existiert seit … und ist unabhängig von anderen Interessen.
- Unser Standort ist attraktiv und verkehrsmäßig gut angebunden.
- Wir begrüßen es, wenn jemand schon als Diplomand oder Praktikant zu uns kommt.
- Am Anfang kümmert sich ein „Pate" um seinen neuen Kollegen.
- Unser Vergütungssystem ist leistungsgerecht und wird regelmäßig überprüft.
- Von Prämien für Einzelne halten wir nichts, das würde nur unseren Teamgeist gefährden, wohl aber von besonderen Auslobungen für alle, wenn wir gemeinsam Erfolg haben.
- Hierarchien brauchen wir nicht, dafür aber Ingenieure und Techniker, die in eigener Verantwortung ihre Projekte erfolgreich bearbeiten.
- Bei uns kommt es auch vor, dass Mitarbeiter die Initiative ergreifen und Freunde oder Bekannte ansprechen, ob sie zu uns kommen wollen.
- Wir möchten neue zu uns passende Kollegen nicht nur bekommen, sondern auch behalten. Deshalb kümmern wir uns um eine individuelle Weiterbildung.
- Besonders attraktiv kann der Erwerb einer Zusatzqualifikation sein, mit der ein Mitarbeiter dafür sorgt, dass wir neue Aufträge bekommen.
- Neue Mitarbeiter bekommen schnell direkten Kontakt zu unseren Kunden und werden in unser Netzwerk eingebunden.
- Als Dienstleistungsunternehmen ist es erforderlich, mit anderen Partnern zusammenzuarbeiten. Unsere Mitarbeiter sind deshalb besonders kommunikations- und kooperationsfähig.

Andererseits haben auch die Inhaber der Planungsbüros eine Vorstellung davon, wie sie sich ihre Mitarbeiter wünschen. Man kann sich vorstellen, wie das Mitarbeiterportfolio eines Planungsbüros aussehen könnte (s. Abb. 5.3). Das ist zwar der Idealfall, außerdem müssen die Mitarbeiter in kleineren Büros mehrere Fähigkeiten in sich vereinigen. Aber es ist ein Ansatz, um die Interessen beider Seiten möglichst weitgehend in Übereinstimmung zu bringen.

Besondere Aufmerksamkeit sollte man gerade in kleineren Unternehmen auf die Familienfreundlichkeit richten, denn insoweit haben noch die großen Unternehmen bessere Chancen. Aber auch ein Planungsbüro kann hier einiges bieten, und besonders wird es sich auszahlen, wenn ein Unternehmen sich auch um den Partner eines begehrten Mitarbeiters kümmert. Doppelkarrierepaare sind zwar selten zu schaffen, aber bei der Karriere der Partnerin am Ort oder bei der Suche nach der richtigen Schule für die Kinder kann auch ein Planungsbüro helfen. Das Privatleben hat heute einen viel höheren Stellenwert als noch vor ein paar Jahren, so dass eine Anstellung wenig dauerhafte Chancen hat, wenn nicht auch der Lebenspartner zufrieden ist.

Abb. 5.3 Mitarbeiterportfolio
[7]

- Erfahrene Mitarbeiter mit Überblick und Kundenorientierung

- Spezialisten für gewisse Fachbereiche

- Techniker mit der Fähigkeit zur Zuarbeit

- Junge Ingenieure mit Entwicklungspotential

- Kaufmännische Mitarbeiter mit dem Verständnis für die Techniker und die Kunden

- Gestandene Mitarbeiter, die so etwas wie der ruhende Pol des Unternehmens sind

- Promotoren, die andere mitreißen können

- Mitarbeiter mit speziellen Zusatzqualifikationen

- Mitarbeiter mit besonderem Talent für die Informationstechnologie

- Mitarbeiter mit Kontakten zu Auftraggebern oder Mittlern

- Mitarbeiter mit Führungsfähigkeiten

- Mitarbeiter, die Mitglieder in Berufs- oder Standesorganisationen sind

Angesichts der Schwierigkeiten bei der Personalbeschaffung kommt seit kurzem eine neue Rekrutierungsmöglichkeit auf, die keine Stellenanzeige, kein Bewerbungsgespräch und keine Einarbeitung erforderlich macht. Es geht darum, ehemalige Mitarbeiter erneut in das Unternehmen zu holen, und dafür gibt es auch bereits einen Begriff: Boomerang Hiring [25]

Gerade in Zeiten des Fachkräftemangels und besonders bei den Planungsbüros, die relativ viel qualifizierte Frauen beschäftigen, die wegen der Familiengründung das Unternehmen verlassen, gibt es gute Chancen, diese ehemaligen Mitarbeiterinnen wenigstens zeitweise wieder zurück zu gewinnen. Es gibt sogar Fälle, in denen eine frühere Mitarbeiterin, die das Büro noch gut kennt, für die Sekretärin nur einen halben Tag pro Woche einspringt und deren Urlaubsvertretung übernimmt. Deshalb ist es auch sinnvoll, den Kontakt zu diesen Ehemaligen gar nicht erst abbrechen zu lassen, sondern sie auch weiterhin über wichtige Veränderungen zu informieren und ihnen das Gefühl zu geben, nach wie vor dazu zu gehören. Für das Boomerang Hiring eignen sich aber auch Mitarbeiter, die aus anderen Gründen ausgeschieden sind. Dabei kann es sich um Ältere handeln, die noch nicht lange weg sind und deren spezielles Fachwissen für ein ganz bestimmtes Projekt gut gebraucht werden könnte. Oder es gibt ehemalige Mitarbeiter, die das betreffende Unternehmen nur deshalb verlassen haben, weil sie sich selbständig machen wollten. Nicht allen gelingt das, und einige wären froh, wenn sie wieder zurückkommen könnten. Sie alle haben den

Vorteil, dass sie das Unternehmen schon kennen, nicht eingearbeitet werden brauchen, flexibel tätig werden können und noch über ein früheres Know-how verfügen.

In Zeiten des Fachkräftemangels kommt es auch wieder öfter vor, dass qualifizierte Mitarbeiter von anderen Planungsbüros abgeworben werden. Auch deshalb erlangen Mitarbeitergespräche (zur Früherkennung solcher Tendenzen) und Personalentwicklung eine stärkere Bedeutung.

Mit den Möglichkeiten, die Mitarbeiter zu behalten, werde ich mich in den folgenden Aspekten dieses Kapitels beschäftigen, und eine wichtige Basis dafür ist bereits das professionell geführte Bewerbungsgespräch.

5.8   Das Bewerbungsgespräch

Es ist immer wieder wenig verständlich, wie wenig professionell, manchmal sogar nachlässig, Bewerbungsgespräche bzw. Einstellungsgespräche von manchen Inhabern geführt werden und welche geringe Wertschätzung damit verbunden ist. Bedenken Sie doch bitte, was es kostet, wenn sich ein Mitarbeiter, der mit einem Gehalt von 3 TEUR monatlich eingestellt wurde, nach fünf Monaten, also noch gerade rechtzeitig vor dem Ende der Probezeit, als Fehlgriff herausstellt. Dann haben Sie ja nicht nur 15 TEUR nutzlos ausgegeben, sondern etwa doppelt so viel. Denn Sie mussten ja auch Sozialabgaben für ihn zahlen, er musste eingearbeitet werden, was andere insoweit von der Arbeit abgehalten hat, und er hat Sachkosten verursacht. Wenn hingegen in einem Planungsbüro eine Investition von 30 TEUR vorgenommen werden soll, dann wird vorher sorgfältig geprüft, welche Alternative es für die Anschaffung gibt und ob das Kosten-Nutzen-Verhältnis in Ordnung ist.

Es wird deshalb empfohlen, das Bewerbungsgespräch nicht allein mit dem Bewerber zu führen, sondern einen Partner oder einen Mitarbeiter, mit dem er ggf. zusammenarbeiten muss, hinzu zu bitten. Achten Sie dabei auch auf Ihre innere Stimme, die Ihnen sagt, ob der Bewerber zu Ihnen und Ihrer Mannschaft passt und welche Werte er mitbringt. Reservieren Sie genügend Zeit und sorgen Sie dafür, dass Sie nicht dauernd gestört werden. Überlegen Sie vorher, wie Sie das Gespräch führen werden, am besten anhand eines Interview-Leitfadens, der Ihnen hernach eine vollständige Beurteilung beim Vergleich mit dem Anforderungsprofil ermöglicht. Vermitteln Sie dem Bewerber den Eindruck, dass dieses Gespräch auch für Sie außerordentlich wichtig ist und ermuntern Sie ihn, auch seinerseits Fragen zu stellen.

Diese Methode eignet sich sehr gut, wenn Sie in der glücklichen Situation sind, sich zwischen mehreren Bewerbern um die gleiche Position entscheiden zu können. Aber auch wenn es nur einen Bewerber gibt, sollte nicht auf diese Sorgfalt verzichtet werden. Denn wenn er nicht vollständig Ihren Vorstellungen entspricht, wissen Sie bereits jetzt, wie Sie ihn weiter entwickeln müssen, und das ist immer noch besser als entscheidende Schwachstellen erst hinterher zu erkennen. Außerdem muss man damit rechnen, dass ein Bewerber mehrere Vorstellungsgespräche führt. Daraus folgt, dass nicht mehr die Arbeitgeber zwischen mehreren Kandidaten wählen können, sondern dass umgekehrt die Bewerber sich einen Arbeitgeber aussuchen können. Auch deshalb muss man sich entsprechend um ihn bemühen, und das wissen und machen natürlich auch die Mitbewerber.

Rechnen Sie auch damit, dass die Bewerber inzwischen im Internet lernen können, wie sie sich im Bewerbungsgespräch verhalten müssen. Umso mehr ist es erforderlich, dass auch die Arbeitgeber sich auf das Gespräch vorbereiten. Folgende wichtige Fragen sollte man nach dem einleitenden Dank für die Bewerbung nicht vergessen:

- Wie sind Sie auf uns gekommen?
- Kennen Sie unser Unternehmen schon?
- Erzählen Sie uns, was Sie bisher gemacht haben.
- Welche Stärken und Schwächen haben Sie aufgrund eigener Einschätzung?
- Was qualifiziert Sie für diesen Job?
- Was möchten Sie mit uns erreichen?
- Wie sind Ihre familiäre Situation und Ihre Lebensplanung?

Fairerweise muss jetzt auch dem Bewerber erklärt werden, was ihn oder sie im Unternehmen erwarten würde und welche Chancen es gibt.

5.9   Materielle Entlohnung

Wie bereits berichtet, sind für die neuen Mitarbeiter mehrere andere Kriterien genauso wichtig oder sogar wichtiger als das Bruttogehalt. Grundsätzlich sollte diese Komponente aber schon den diesbezüglichen Gepflogenheiten in der Branche entsprechen, und auch insoweit kann man sich im Branchen-Betriebskostenvergleich schlau machen.

Außerdem soll hier darauf aufmerksam gemacht werden, dass es neben dem Bruttogehalt noch weitere Möglichkeiten der materiellen Entlohnung gibt, die deshalb bei den Mitarbeitern beliebt sind, weil sie steuerfrei oder steuerbegünstigt erfolgen. Das gilt z. B. für ein Jubiläumsgeld, Zuschüsse zur betrieblichen Altersversorgung, zu Kindergartengebühren oder die Übernahme der Tankrechnung bis zu einer bestimmten Höhe. Arbeitgeber, die von diesen Möglichkeiten Gebrauch machen möchten, sollten sich darüber bei ihrem Steuerberater erkundigen, denn die gesetzlichen Voraussetzungen dafür ändern sich bisweilen. Im Voraus eingeplant wird von vielen Mitarbeitern das Weihnachts- oder Urlaubsgeld als fester Bestandteil des Bruttogehaltes. Das sollte man allerdings nur dann so handhaben, wenn diese „Nebenleistung" zum arbeitsrechtlich festen Bestandteil des Bruttogehaltes geworden ist. Sonst sollte diese Leistung besser in ein Prämienmodell eingebaut werden.

Die Verfügbarkeit eines Dienstwagens für private Zwecke kann ebenfalls eine Rolle spielen. Das allerdings weniger aus steuerlichen Gründen, sondern als Sozialprestige, und es wird von den Mitarbeitern erwartet, dass der Arbeitgeber die Kosten für die Fort- und Weiterbildung übernimmt. Das machen die Arbeitgeber normalerweise auch. Aber in letzter Zeit ist auch eine stärkere Beteiligung der Mitarbeiter in Form der Einbringung von Zeit, die nicht auf die Arbeitszeit angerechnet wird, zu beobachten.

Schließlich ist auch eine Erfolgsprämie Bestandteil der materiellen Entlohnung. Aber dafür müssen zunächst die Rahmenbedingungen stimmen. Wenn schon die in einem Büro existierenden verschiedenen Gehälter als ungerecht empfunden werden, eine schlechte Stimmung herrscht oder die Nachfolgefrage nicht geregelt wird, dann hilft auch ein ausgeklügeltes Prämiensystem nicht. Sonst aber kann ein Prämiensystem die Planungsbüros dem Ziel einer gerechteren Vergütung der Mitarbeiter (weg vom „Gießkannenprinzip") näherbringen.

Das haben dann auch viele Planungsbüros mit großem Engagement und guten Ideen für die Ermittlung individueller Prämien, aber auch erheblichem Zeitaufwand, gemacht. Manchmal waren sogar betriebsbedingte Kündigungen der Arbeitsverträge erforderlich, um das überhaupt zu ermöglichen. Aber auch dadurch haben sie sich nicht abschrecken lassen, ein solches System einzuführen, und auch viele Berater waren Anhänger dieser Modelle. Dann aber hat sich gezeigt, dass diese Methode auf die Dauer nicht funktionieren würde, und das lag insbesondere an drei Gründen. Zum einen hatten es manche nicht geschafft, objektive Kriterien für die Bewertung zugrunde zu legen. Das war z. B. dann der Fall, wenn lediglich die Mitarbeiter von positiven Projekten in die Prämierung einbezogen wurden, die anderen aber leer ausgingen. In anderen Fällen war ein so starkes individuelles Prämienstreben zustande gekommen, dass der Teamgeist gefährdet wurde, und in noch anderen Fällen hatte sich gezeigt, dass das Prämienmodell aus Sicht der Mitarbeiter nur dann etwas taugt, wenn immer genügend Überschüsse vorhanden sind, was aber nicht in jedem Jahr der Fall ist.

Trotzdem wurde das Streben nach einem Prämienmodell von der Branche nicht aufgegeben. Aber jetzt geht es um Teamprämien für alle Mitarbeiter und das scheint wesentlich erfolgreicher zu sein. Dabei gibt es auch keine aufwändigen individuellen Beurteilungen mehr. Zugrunde gelegt wird der Überschuss des Unternehmens im letzten Jahr, nachdem man sich darüber geeinigt hat, wie viel Prozent davon den Mitarbeitern zur Verfügung stehen sollen. Dieser „Topf" wird dann an alle Mitarbeiter ausgeschüttet, ob absolut gleich oder nach prozentualem Gehaltsanteil ist individuell zu entscheiden. Bei entsprechender Transparenz während des Jahres kann dieses Modell auch schon vor dem Ergebnis zu mehr Anstrengungen bei den Mitarbeitern führen. In manchen Büros wird auch entschieden, dass die Prämien für eine Teilhaberschaft oder als Darlehen im Unternehmen verbleiben sollen. Dann ist das auch eine Finanzierungsmöglichkeit (s. Abschn. 2.10).

5.10 Immaterielle Entlohnung

Da die meisten potentiellen Mitarbeiter immaterielle Vorteile wie Selbständigkeit und Unabhängigkeit, Übernahme von Verantwortung sowie Einfluss- und Entscheidungskompetenzen wünschen, müssen auch die Planungsbüros entsprechende Angebote machen. Wenn man bedenkt, wie schnell die materiellen Entlohnungsmöglichkeiten – von

Erfolgsprämien vielleicht abgesehen – ausgereizt sind, dann kann man wohl davon ausgehen, dass der Wettbewerb um qualifizierte Mitarbeiter sich mehr im immateriellen Bereich
abspielen wird. Denn wenn es einem Kandidaten mehr darum geht, möglichst schnell viel
Geld zu verdienen, dann würde er wahrscheinlich eher in einer anderen Branche tätig
werden.

Die Planungsbüros müssen sich also etwas einfallen lassen und entsprechend ausloben.
Ein paar Möglichkeiten kann man jedenfalls vorstellen. Zum Beispiel wäre es doch toll,
wenn man den Neuen aufgrund seiner Qualifikation frühzeitig für eine spätere Nachfolge
oder Partnerschaft aufbauen könnte, weil die anderen dafür nicht in Frage kommen.

Es könnte sein, dass das Büro eine wichtige Zusatzqualifikation benötigt, die der Neue
schon hat oder bereit ist, kurzfristig zu erwerben, während die anderen alle keine Lust
dazu haben.

Es kommt in letzter Zeit öfter vor, dass ein Büro im Ausland tätig werden möchte,
z. B. weil ein Stammkunde dort eine Niederlassung plant. Während die vorhandenen Mitarbeiter davon nicht gerade begeistert sind, könnte ein Bewerber von außen gerade daran
interessiert sein.

Es gibt andererseits immer noch viele Kandidaten, die gar keine herausgehobene Position suchen, sondern mehr nach Sicherheit und Geborgenheit mit guten Kollegen im Team
und gemeinsamer Verantwortung streben.

Bei manchen spielt der Standort eine wichtige Rolle. Sie wollen gern in einer bestimmten Gegend tätig sein, wo sie den Kontakt zu ihren Verwandten und Freunden aufrecht-
erhalten können oder wo die Partnerin bzw. der Partner beschäftigt sind (s. Abschn. 5.7).

Manche Bewerber möchten mit ihrer zukünftigen Tätigkeit mehr Lebensqualität ver-
binden und wollen am liebsten dort arbeiten, wo andere Urlaub machen. Auch das können
etliche Büros bieten.

Andere wollen nur in einem Unternehmen tätig werden, in dem auf die familiären Verhältnisse Rücksicht genommen wird, z. B. durch das Angebot der Kinderbetreuung und
flexibler Arbeitszeit.

Es könnte sein, dass der Neue dafür prädestiniert wäre, die Mitgliedschaft für das Unternehmen in einer Berufsinstitution z. B. der Kammern und Verbände wahrzunehmen, und
eine besondere Chance für einen neuen Mitarbeiter oder eine neue Mitarbeiterin wäre es,
wenn in einem Unternehmen ein neues Geschäftsfeld (s. Abschn. 6.5) aufgebaut werden
soll. Auch dazu sind die vorhandenen Mitarbeiter nicht immer zu bewegen, und der Neue
hat idealerweise bereits Erfahrungen auf diesem Gebiet.

Schließlich gibt es nicht nur in Planungsbüros gerade bei jüngeren Mitarbeitern – ausgelöst durch ständige Pressemitteilungen über die Armut im Alter – das Bedürfnis, mehr
für die Altersvorsorge zu tun. Dafür bieten sich auch mehrere Möglichkeiten der betrieblichen Altersversorgung an. Nach Befriedigung der mehr kurzfristigen Konsumwünsche
werden sich die Mitarbeiter wieder längerfristigen Entscheidungen über ihr Einkommen
zuwenden. Zwar gibt es in der Solidargemeinschaft viele, die in die gesetzliche Altersversorgung einzahlen oder davon profitieren. Aber das wird auf die Dauer nicht reichen, jedenfalls nicht für diejenigen, die 50 TEUR und mehr verdienen. Die Frage der potentiellen

Mitarbeiter wird deshalb im Unterschied zu früher sein: Was tut der potentielle Arbeitgeber für meine Altersversorgung? Manche werden diesen Punkt sogar im Bewerbungsgespräch ansprechen, und damit komme ich zu den sonstigen Arbeitsbedingungen.

Zuvor möchte ich aber die gerade erwähnte Altersvorsorge, die auch bereits eine wesentliche Arbeitsbedingung darstellt, etwas konkreter ansprechen. Kürzlich habe ich in einer Zeitschrift die Headline „Die Uhr tickt" gelesen. Gemeint war damit die Befürchtung von Altersarmut aufgrund der nicht mehr ausreichenden gesetzlichen Altersvorsorge, und immer wieder taucht in letzter Zeit als dritte Säule neben der gesetzlichen Rente und der privaten Vorsorge die betriebliche Altersvorsorge (bAV) auf. Früher war das ein Privileg der großen Unternehmen. Heute können es sich auch kleine und mittlere Unternehmen nicht mehr leisten, sich darum nicht zu kümmern. Die Betriebsrente ist für viele Mitarbeiter wichtiger geworden als eine Gehaltserhöhung, und es ist damit zu rechnen, dass diese Form der Vorsorge in Zukunft stärker staatlich gefördert wird. Deshalb müssen auch die Planungsbüros auf diese Entwicklung achten.

5.11 Arbeitsbedingungen

In den größeren Unternehmen ist es üblich, dass für alle Arbeitnehmer Arbeitsverträge existieren. Bei den Planungsbüros ist das oft nicht der Fall. Diese Nachlässigkeit kann Folgen haben, nämlich dann, wenn es Streit gibt, z. B. über Kündigungsfristen, Aufgabenzuweisungen oder Urlaubsansprüche. Es wird deshalb empfohlen, für jeden Mitarbeiter und jede Mitarbeiterin einen von beiden Partnern unterschriebenen Arbeitsvertrag abzuschließen, in dem auch Änderungen, die während des Arbeitsverhältnisses eintreten, dokumentiert werden. Im Arbeitsvertrag ist geregelt, welche Kündigungsfristen gelten, welches Bruttogehalt und wie viel Urlaubstage vereinbart wurden. Die Arbeitszeit kann zwar für alle Mitarbeiter gleich geregelt sein, aber schon beim Konfliktthema Überstunden empfiehlt sich, wie bereits in Abschn. 3.5 vorgeschlagen, eine individuelle Regelung, z. B. dass jeweils vereinbart wird, wie viele Überstunden mit dem Gehalt abgegolten sind.

Oft ist in den Arbeitsverträgen auch noch die (tägliche) Arbeitszeit geregelt. Das gilt in vielen Unternehmen mittlerweile als überholt. Selbst große Betriebe verzichten inzwischen auf Stechuhren, und gerade in kleineren Unternehmen bietet sich die sog. Vertrauensarbeitszeit an, die allerdings nur dann möglich ist, wenn alle sich daran halten. Aber dafür sorgen dann schon die Kollegen untereinander und einen Anreiz dafür stellt die bereits beschriebene Erfolgsprämie für alle dar.

Darüber hinaus gibt es auch Arbeitsbedingungen, die nirgendwo geregelt sind. Das betrifft z. B. den Arbeitsplatz, und was das angeht, so kann man als Außenstehender bisweilen schon den Eindruck gewinnen, dass die Mitarbeiter der Planungsbüros ziemlich genügsam sind. Andererseits haben viele Mitarbeiter die Möglichkeit, in der Mittagspause „um die Ecke" einzukaufen. Manche Büros organisieren sogar Bestellungen der Mitarbeiter im benachbarten Supermarkt, die sie nach Dienstschluss abholen können, und auch das ist ein immaterieller Faktor, der besonders von den Mitarbeiterinnen geschätzt wird.

Das ist eine andere Unternehmenskultur als früher und nachdem die Stechuhren oder sogar die einheitliche Arbeitszeit weitgehend abgeschafft wurden, geht es jetzt darum, sich auf Augenhöhe zu begegnen und den Themen Teilarbeitszeit oder Home Office eine etwas andere, aber nicht abwertende Haltung entgegen zu bringen.

Schließlich gibt es gewisse Gepflogenheiten, die auch nirgendwo dokumentiert sind, aber dennoch von allen eingehalten werden, z. B. ob die Türen offen stehen, was ein lockeres Verständnis für die Kommunikation zum Ausdruck bringt. Oder es ist üblich, sich vorher abzustimmen, wer wann in den Urlaub geht, damit kein Leerlauf entsteht. Oder man sollte wissen, wann und womit man den Chef ansprechen kann. Solche Gewohnheiten kennen zwar die Mitarbeiter, aber (noch) nicht ein neuer Kollege. Auch deshalb ist es wichtig, ihn entsprechend einzuführen, und das ist das nächste Thema.

5.12   Integration

Es ist der erste Tag für einen neuen Mitarbeiter. Die Sekretärin hat gestern ihren Chef noch einmal darauf aufmerksam gemacht, und der hat sich auch noch einmal die Bewerbungsunterlagen angeschaut sowie dessen Kollegen am Arbeitsplatz gebeten, ihn gemeinsam zu empfangen.

Der Unternehmensberater des Inhabers hat ihn gebeten, diesen Tag für den Neuen frei zu halten, denn es hat viel Mühe gekostet, ihn für das Unternehmen zu gewinnen. Er scheint auch wirklich der Richtige zu sein, und nun soll er von Anfang an den Eindruck gewinnen, dass die Mannschaft geradezu auf ihn gewartet hat.

Führen Sie ihn durch das Büro und machen Sie ihn mit seinen zukünftigen Kollegen bekannt. Beobachten Sie ihn dabei, ob er Fragen stellt und wie die anderen auf ihn reagieren. Vielleicht können Sie es sogar einrichten, dass gerade an diesem Tag ein Partner ins Büro kommt, mit dem er später zusammenarbeiten soll. Anschließend sollten Sie ihn im persönlichen Gespräch über die wichtigsten Kunden, über die Entwicklung des Unternehmens, über Stärken und Schwächen, über das Umfeld sowie die Nachbarn und vielleicht auch darüber informieren, wie Sie selbst einmal angefangen haben. Danach bietet sich ein Vorschlag dafür an, womit er morgen beginnen sollte, und Sie könnten ihn abschließend fragen, ob sein neuer Arbeitgeber ihm noch irgendwie helfen könnte, z. B. bei der Wohnungssuche.

Anschließend „übergeben" Sie ihn an seinen „Paten". Das ist ein gestandener Mitarbeiter, der nicht nur das Unternehmen gut kennt, sondern auch die internen Gepflogenheiten für die richtige Verhaltensweise im Team. Dabei geht es z. B. um die Rangordnung bei Besprechungen. Der Pate wird ihn auch darüber aufklären, wer mit wem befreundet ist, ob es schwierige Typen unter den Kollegen gibt, an wen man sich bei bestimmten Fragen wenden kann und wie man am besten mit dem Chef sowie der Sekretärin umgehen sollte. Der Neue wird seinem Paten auch dankbar für Anregungen sein, die sich auf die Zeit nach dem Büro beziehen. So gibt es bei vielen Büros sportliche und gesellschaftliche Aktivitäten, denen man sich anschließen kann, oder Fahrgemeinschaften, und vielleicht existiert auch eine gemeinsame Hilfsorganisation für einen sozialen Zweck, der der neue Kollege ebenfalls beitreten könnte.

Nach etwa einem halben Jahr und damit überstandener Probezeit braucht der nunmehr nicht mehr ganz neue Mitarbeiter seinen Paten nicht mehr, aber seinen Mentor. Das ist entweder der Inhaber oder bei größeren Büros der Fachgebietsleiter. Und vielleicht kann man dieses Konzept zur Eingliederung in Zukunft auch für die Integration von Zuwanderern ausbauen.

5.13 Umgang miteinander

Über das äußere Erscheinungsbild (im Rahmen der Selbstdarstellung) habe ich bereits gesprochen. Auch über eine bisweilen unglückliche Verhaltensweise am Telefon. Was jetzt noch fehlt, ist der Umgang miteinander, und davon hängt nicht nur die interne Zusammenarbeit ab, sondern auch die Ausstrahlung des Unternehmens nach außen. Selbst in technischen Berufen wie dem des Ingenieurs gehen nur 15 % des finanziellen Erfolges auf das Konto des technischen Könnens, der ganze Rest von 85 % ist dem Geschick im Umgang mit Menschen zuzuschreiben [26]. Nehmen wir als Beispiel den Fußball. Die elf Mitglieder eines Fußballteams entsprechen von der Anzahl her der Größe vieler Planungsbüros. Entscheidend für den Erfolg eines Teams sind nicht wenige Profis, sondern der Teamgeist dieser elf Leute auf dem Platz, das ständige Füreinander da sein und die Einstellung, dem anderen die größere Chance für das Tor zu lassen. Dieser Teamgeist gilt als unbezahlbar. Vielleicht kann dieser im Unterschied zu den einzelnen Spielern auch deshalb nicht ökonomisch gehandelt werden. Aber reizvoll wäre es doch, die Rolle des Trainers eines Fußballteams mit derjenigen des Chefs eines Planungsbüros zu vergleichen, und dabei auch die Aufgabe des Spielführers oder Kapitäns mit einzubeziehen, denn auch den gibt es nicht immer so sichtbar in einem Planungsbüro. Das würde allerdings den Rahmen dieses Buches überschreiten.

In den Planungsbüros ist der Umgang oder das Betriebsklima, wie man ihn weitgehend auch nennen könnte, durchweg recht gut. Der Teamgeist ist stark ausgeprägt, man hilft sich gegenseitig, die meisten duzen sich untereinander, und das wirkt zuweilen etwas kumpelhaft. Es gibt kaum schwarze Schafe, nur manchmal werden Kaufleute als weniger wichtig betrachtet, und in vielen Büros existiert eine Werteorientierung (s. Abschn. 2.7) für das persönliche Verhalten. Allerdings gelingt es nicht allen, das nach außen gewünschte Verhalten auch tatsächlich umzusetzen. Das ist z. B. dann der Fall, wenn im Unternehmen damit geworben wird, dass man direkt erreichbar sei und am Freitagnachmittag sich niemand mehr am Telefon meldet. Andererseits fällt es positiv auf, wenn man bereits am Telefon freundlich „empfangen" und sofort mit dem korrekten Namen angesprochen wird.

Beeinflusst wird die Verhaltensweise und damit letztlich die Unternehmenskultur von der Größe, von den Eigentumsverhältnissen und der Unternehmensgeschichte eines Planungsbüros. Manchmal liegt die Vorgeschichte nur ein paar Jahre zurück, manchmal aber auch ein paar Jahrzehnte, und ältere Inhaber haben noch eine andere Vorstellung von der

Verhaltensweise ihrer Mitarbeiter als z. B. zwei Partner in den mittleren Jahren. Deshalb wird es auch in den Büros, in denen gerade ein Generationswechsel stattfindet, zu einem Wandel der Unternehmenskultur kommen.

Zu diesen Teamstrukturen passt die Erkenntnis, dass eine positive Einstellung zur Arbeit nur dann etwas wert ist, wenn man sie mit anderen teilt. Bisweilen bekommt man daran aber selbst Zweifel, und dann könnte man sich folgende Fragen stellen: Grüße ich eigentlich meine Kollegen, wenn ich morgens ins Büro komme? Kommt es bisweilen vor, dass ich so in meine Aufgabe vertieft bin, dass ich andere nicht wahrnehme? Kann es sein, dass ich manchmal etwas sage, das ich eigentlich nicht so meine? Kann ich zuhören? Habe ich Freude daran, anderen eine Freude zu bereiten? Nachdem man sich darüber klar geworden ist und dann am nächsten Morgen ins Büro kommt, könnte es immerhin sein, dass man zuerst grüßt und sich vornimmt, in der gleich stattfindenden Besprechung besser zuzuhören, wenn ein Teilnehmer etwas sagt, den man nicht so gut leiden kann.

Einen besonderen Einfluss auf den Umgang miteinander hat die gemeinsame Identifikation mit dem Unternehmen. Wenn man ein Projektteam bei der Arbeit beobachtet, das zeitweilig von einem Freien Mitarbeiter unterstützt wird, kann man auch als Fremder schnell merken, wer nicht zur Stammmannschaft gehört. Es lohnt sich also, den Teamgeist zu pflegen. Deshalb sollte der Chef auf Signale achten, die auf eine Gefährdung hindeuten, z. B. den plötzlich aufkommenden Disput zwischen zwei Kollegen.

So wichtig und erforderlich für den gemeinsamen Erfolg der Umgang miteinander einerseits ist und ein gutes Arbeitsklima von allen gewünscht wird, so gefährlich kann es für dieses Ziel werden, wenn die Harmonie übertrieben wird und sich sogar als Hemmschuh erweist [27]. Der „Kuschelfaktor" ist manchmal so wichtig geworden, dass Entscheidungen nur noch nach dem „Tu mir nicht weh"-Prinzip getroffen werden. Darunter leidet die Kreativität und Abweichler oder Neulinge haben es schwer, akzeptiert zu werden. Außerdem besteht die Neigung, Probleme unter den Tisch zu kehren und das kann sich auf das Verhalten gegenüber den Kunden auswirken. Da die Gefahr der Harmoniesucht besonders bei kleinen Teams, flachen Hierarchien und viel Kollegialität besteht, muss diese Situation vom Inhaber genau beobachtet werden und ggf. Handlungsbedarf auslösen.

5.14 Personalentwicklungskonzept

Wir haben bereits festgestellt, dass die Stärken und Schwächen der Mitarbeiter unterschiedlich sind, und dass bestimmte Fähigkeiten bei bestimmten Mitarbeitern sehr wichtig, bei anderen aber weniger wichtig sein müssen. Deshalb wäre es auch nicht richtig, wenn ein Inhaber den Ehrgeiz entwickeln würde, jeden Mitarbeiter und jede Mitarbeiterin ohne Rücksicht auf dessen oder deren Defizite drei oder vier Tage im Jahr zu einem Seminar zu schicken. Die Planung und Organisation der Weiterbildung in einem Planungsbüro macht zwar mehr Arbeit als ein Pauschalverfahren, aber sie zahlt sich aus.

Beginnen Sie also damit, die Defizite und künftigen Anforderungen konkret zu dokumentieren. Dabei könnten Sie auf die Anforderungsprofile (s. Abschn. 5.6) der jeweiligen

Stelle zurückgreifen. Generell wird sich dann bei den Technikern ergeben, dass sie einen Nachholbedarf bei der Thematik haben, der auch dieses Buch gewidmet ist, während die Sekretärin am besten an einem Rhetorik-Kurs teilnehmen könnte. Unabhängig vom Fachgebiet haben manche das Problem, dass sie mit Ihrer Zeit nicht auskommen oder oft zu spät kommen, z. B. weil sie keine Prioritäten bilden können. Software-Schulungen werden erforderlich für diejenigen, die damit arbeiten müssen. Zumindest einer im Büro sollte lernen, wie man mit der Öffentlichkeit umgeht. Vielleicht kommt auch ein Mitarbeiter für den Erwerb einer Zusatzqualifikation in Frage. In Seminaren kann man feststellen, dass auch Techniker gute Marketingleute sein können und ansprechbar auf das Management von Beziehungen sind, und es gibt Defizite, die bei mehreren Mitarbeitern im Büro überwunden werden müssen. Deshalb bietet sich dafür ein Inhouse-Workshop mit einem externen Referenten an. Das gilt z. B. für das Thema Akquisition und Kommunikation. Schließlich gehört es auch zum Personalentwicklungskonzept, dass ein Sohn oder eine Tochter, die bereits als Nachfolger feststehen, zunächst als Mitarbeiter eines anderen Planungsbüros lernen, ihre spätere Aufgabe wahrzunehmen.

Ausgehend von der Erkenntnis, dass die Weiterbildung nur dann Sinn macht, wenn daraus auch ein Nutzen für die praktische Anwendung erwächst, sollten auch die Planungsbüros diese Entwicklung nicht dem Zufall überlassen, sondern ein Personalentwicklungskonzept einführen. Ein solches Konzept besteht aus der Zielformulierung, der Bedarfsanalyse, den erforderlichen Maßnahmen, der Organisation und der Erfolgskontrolle.

Ziel ist es, auf diese Weise, die fachliche Entwicklung nicht zu verpassen, die Wettbewerbsfähigkeit zu sichern, dem Anspruch einer lernenden Organisation gerecht zu werden, die Mitarbeiter stärker an das Unternehmen zu binden und letztlich auch die Versprechungen im Einstellungsgespräch zu erfüllen. Die Bedarfsanalyse findet im Mitarbeitergespräch mit jedem einzelnen Mitarbeiter statt und wird damit zum festen Bestandteil der Zielvereinbarung. Die Maßnahmen erstrecken sich auf fachbezogene Themen zu den jeweiligen Fachrichtungen, auf die Team- und Führungsfähigkeit, auf verhaltensorientierte Themen wie Verhandlungspsychologie sowie Konfliktmanagement und interdisziplinäre Themen wie das Controlling. Die Organisation sollte, wie im Anschluss gezeigt wird, auch in kleineren Unternehmen zentral erfolgen, und die Erfolgskontrolle ist dann wieder Gegenstand des Mitarbeitergespräches, wobei es hoffentlich nicht oft vorkommt, dass eine geplante Weiterbildungsmaßnahme gar nicht erst stattgefunden hat, weil ein dringender Auftrag mal wieder wichtiger war.

5.15 Weiterbildung

Irgendjemand muss sich natürlich auch noch um die Organisation kümmern, und das sind zunächst die Betroffenen selbst. Ansonsten gibt es aber in fast jedem Büro jemanden, der oder die die Verwaltungsarbeit betreut. Es ist allerdings nicht ganz einfach, diese Aufgabe zu lösen, denn das Angebot von Seminaren oder sonstigen Weiterbildungsveranstaltungen ist groß. Die richtige Auswahl erfordert entsprechende Recherchen. Am einfachsten ist das noch bei der fachbezogenen Weiterbildung. Dafür bieten sich die Kammern und die Berufsverbände an, die auch andere Themen wie Marketing, Controlling, Rhetorik und Schulungen z. B. für Sachverständige, im Programm haben. Einige Kammern haben die Weiterbildung inzwischen sogar zur Pflicht gemacht, indem für die Teilnahme der Mitglieder Weiterbildungspunkte vergeben werden. Auch die Software-Hersteller von technischer oder kaufmännischer Software laden zu Informationsveranstaltungen ein, und manche Verbände sind auch in Ländern oder Regionen organisiert und bieten dort Informationsveranstaltungen an.

Noch schwieriger als das Herausfinden passender Weiterbildungsveranstaltungen für die jeweiligen Mitarbeiter ist die anschließende Erfolgskontrolle. Der Arbeitgeber möchte natürlich gerne wissen, was dieses Engagement gebracht hat, und ideal wäre es, wenn man ermitteln könnte, wie sich z. B. 1000,– € für eine bestimmte Weiterbildungsmaßnahme verzinsen, bzw. nach welcher Zeit dieser Betrag durch die gesteigerte Leistung des betreffenden Mitarbeiters wieder an das Unternehmen zurückfließt. Das haben schon viele Unternehmen in vielen Branchen versucht, aber keinem ist das gelungen. Selbst wenn der gewünschte Erfolg eintritt und sogar gemessen werden kann, sind es immer mehrere Faktoren, die dieses Ergebnis gleichzeitig beeinflussen, und welcher Anteil davon auf die Weiterbildungsmaßnahme entfällt, ist nicht bekannt.

Das heißt aber nicht, dass man auf eine Erfolgskontrolle gänzlich verzichten sollte. Eine Möglichkeit besteht darin, dass die Seminarteilnehmer anschließend ihren Kollegen berichten, was sie gelernt haben und was man gemeinsam umsetzen könnte. Die andere Möglichkeit ist die individuelle Beurteilung im Mitarbeitergespräch. Schließlich muss man sehen, dass Weiterbildung inzwischen zur Pflicht geworden ist. Immer mehr Unternehmen werben damit, dass sie ihren Mitarbeitern die Möglichkeit zur Weiterbildung geben. Dann müssen sie es natürlich auch machen.

Trotzdem ist es leider so, dass es den meisten Seminarteilnehmern nicht gelingt, gelernte Inhalte in ihren Alltag zu transportieren. Fehlende Motivation oder mangelnde Relevanz des Gelernten sind meistens die Gründe. Außerdem erwarten viele Seminarteilnehmer Rezepte für ihre tägliche Arbeit. Das ist verständlich aber unrealistisch. Selbst wenn ein Trainer das könnte, führt das doch nur zur Nachahmung mit Hilfe auswendig gelernter Abläufe. Auch deshalb ist der anschließende Erfahrungsaustausch so wichtig, und noch etwas: Auch für die 50-Jährigen ist Weiterbildung wieder aktuell, denn sie haben noch 17 Jahre Arbeitsleben vor sich. Es ist auch nicht so, dass die Älteren grundsätzlich weniger bereit sind zu lernen als die Jüngeren, allerdings muss das Lernprogramm an die entsprechenden Bedürfnisse angepasst werden.

5.16 Mitarbeitergespräche mit Zielvereinbarungen

Unter den Leuten, die etwas von Mitarbeiterführung verstehen, besteht – unabhängig von der Branche – Einigkeit darüber, dass Mitarbeitergespräche mit Zielvereinbarungen das beste Führungsinstrument sind. Deshalb wird es auch für die Planungsbüros empfohlen [7].

Das Mitarbeitergespräch findet jährlich unter vier Augen zwischen dem Chef – bei größeren Unternehmen dem Fachgebietsleiter – und dem Mitarbeiter statt, mit genug Zeit und ohne Störung. Einbezogen werden alle Mitarbeiter, es wird dokumentiert und es sollte folgende Inhalte haben:

Arbeitsergebnisse
- Was ist erreicht worden?
- Was steht noch aus?
- Was ist gut gelungen?
- Was muss verbessert werden?
- Gibt es aktuelle Probleme?

Künftige Aufgaben
- Welche Ziele sollen im nächsten Jahr erreicht werden?
- Welche Voraussetzungen müssen dafür gegeben sein?
- Ist unser Unternehmen gut für die Zukunft aufgestellt?

Interne Zusammenarbeit
- Wird ausreichend informiert?
- Wie wird der Umgang miteinander beurteilt?
- Was ist positiv und wo gibt es Schwachstellen?

Entwicklung
- Welche persönliche Entwicklung wird angestrebt?
- Reicht das Potential dafür?
- Welchen Weiterbildungsbedarf gibt es, wie soll er umgesetzt werden?
- Welchen Erfolg hatten die beim letzten Mal besprochenen Maßnahmen?

Sowohl der Chef als auch der Mitarbeiter sollten sich auf dieses Gespräch vorbereiten und dabei insbesondere die Aufzeichnungen zum letzten Mal anschauen. Hilfreich wäre es auch, bereits während des Jahres Stichworte für das Gespräch zu sammeln. Wichtig ist außerdem, dass der vereinbarte Termin von beiden Seiten unbedingt eingehalten wird, und dass dieses Gespräch von keiner Seite als eine Art Generalabrechnung betrieben wird. Beide sollen ihre Meinung ehrlich, aber auch kritisch äußern.

Das Ergebnis wird in der „Aufzeichnung zum Mitarbeitergespräch" festgehalten (s. Abb. 5.4). Dazu soll auf Folgendes besonders hingewiesen werden: Eine gewisse Schwierigkeit bereitet die Vereinbarung von Zielen. Generell gilt, dass nicht mehr als drei bis fünf Ziele vereinbart werden sollten. Diese müssen konkret, messbar, erreichbar sowie nachprüfbar sein, und individuell kann es für den Mitarbeiter eines Planungsbüros darum gehen, dass das Ziel in einer Steigerung des Projektstundenanteils oder auch in der Erhaltung eines wichtigen Kunden besteht. Beim Fortbildungsbedarf wird in der Regel der Besuch von bestimmten Seminaren vereinbart. Wichtig ist schließlich, dass

Name des Mitarbeiters: _____ **Stellenbezeichnung:** _____

Betrachteter Zeitraum: _____ **Gesprächstermin:** _____

1.   Bewertung der erzielten Ergebnisse:

2.   Vereinbarung von Zielen:

3.   Arbeitssituation des Mitarbeiters: Verbesserungsmöglichkeiten:

4.   Stärken und Schwächen des Mitarbeiters:

5.   Fortbildungsbedarf:

Datum und Unterschrift des Chefs:

6.   Anmerkungen des Mitarbeiters bei Bedarf:

Datum und Unterschrift des Mitarbeiters:

Abb. 5.4 Aufzeichnungen zum Mitarbeitergespräch [7]

der Mitarbeiter eine abweichende Meinung äußern kann und dass die Aufzeichnung von beiden unterschrieben wird.

5.17 Jahresinformationsgespräch

Überall beklagen sich die Leute über mangelnde Transparenz. Das gilt für die Unternehmen, für die Politik und sogar für gemeinnützige Organisationen, aber alle versprechen, das in Zukunft ändern zu wollen.

In einem Unternehmen mit überschaubarer Struktur, in dem die Mitarbeiter aufeinander angewiesen sind und am besten in Teams zusammenarbeiten, sollten auch alle am Ende eines Jahres wissen, was man gemeinsam erreicht hat, welche Ziele erfüllt wurden und welche Erwartungen für die nächsten Jahre bestehen. Deshalb sollte auch der Inhaber oder Geschäftsführer eines Planungsbüros (im Vergleich zum Vorjahr) berichten über:

Umsatz, Projektstunden, Bürostundensatz, Gemeinkostenfaktor, Angebote pro Auftrag, Arbeitsproduktivität, Fluktuation, voraussichtliches Ergebnis, Kundenentwicklung, besondere Ereignisse und die wichtigsten Aufgaben im nächsten Jahr.

Spannend wird dieser Bericht dann, wenn die Mitarbeiter am Erfolg beteiligt sind und nun erfahren, ob sie mit einer Prämie rechnen können. Das wäre doch auch eine gute Ausgangssituation für die gemeinsam zu beantwortende Frage: Was werden wir in 5 Jahren machen?

5.18 Mitarbeiterbeteiligung

Die kapitalmäßige Beteiligung der Mitarbeiter wird von den politischen Parteien regelmäßig vor einer Wahl ins Gespräch gebracht. Dabei soll der jährliche steuerliche Freibetrag für solche Kapitalanlagen erhöht werden, denn bisher ist diese Förderung im Vergleich zur betrieblichen Altersversorgung ziemlich uninteressant. Die Kapitalbeteiligung hat Vorteile für die Mitarbeiter und das Unternehmen, denn es gibt wohl kaum eine stärkere Bindung aneinander. Die Entscheidungskompetenz gegenüber Auftraggebern und Partnern wird gestärkt und unpopuläre Entscheidungen können besser durchgesetzt werden. Allerdings trägt der Mitarbeiter als Mit-Unternehmer im Unterschied zu Erfolgsprämien insoweit auch das Risiko des Verlustes. Aber es gibt dafür verschiedene Modelle, die dieses Risiko abschwächen, z. B. als Teilhaber einer Stillen Gesellschaft. Ein interessantes Konzept besteht auch darin, eine Mitarbeiterbeteiligungsgesellschaft zu gründen, die beispielsweise mit 25 Prozent am Kapital (der GmbH oder der Kleinen AG) beteiligt wird.

Die Planungsbüros werden für diese Form der Mitarbeiterbindung allmählich aufgeschlossener. Es gibt bereits Inhaber, die sich deshalb zu einer Umgründung in eine kleine AG entschließen, damit den Mitarbeitern die Beteiligung erleichtert wird, und die

Finanzierung ihrer Aktien erfolgt auch nicht aus dem Bruttolohn, sondern aus Erfolgs-prämien aufgrund der erfolgreichen gemeinsamen Zusammenarbeit. Ein großes Pla-nungsbüro in Süddeutschland hat es sogar geschafft, mit Hilfe seiner Mitarbeiter, die auch heute noch mehrheitlich am Unternehmen beteiligt sind, den Untergang zu vermeiden. Wahrscheinlich hat dieser Erfolg auch nicht nur mit Geld zu tun, sondern mit dem sozia-len Engagement. Ein bekannter Zukunftsforscher [28] hat bereits vorausgesagt, dass die Arbeitnehmer allmählich den Untertanenstatus abwerfen und zum Unternehmer im Unter-nehmen werden. Das hat sicher auch damit zu tun, dass Geld und Geldeinkommen nicht mehr den Stellenwert haben wie früher. Dann gibt es, so dieser Forscher, in Zukunft eine doppelte Produktivität, eine Produktivität des Ökonomischen und eine Produktivität des Sozialen, und beide sind gleichwertig.

Ergebnis: Mitarbeiter bekommen und Mitarbeiter behalten
- Wer die Veränderungen am Markt erkannt hat,
- wer es versteht, die Attraktivität der Zusammenarbeit im Planungsbüro darzustellen,
- wer die heute noch möglichen Wege zu den Kandidaten findet,
- wem es gelingt, auf sich aufmerksam zu machen,
- wer den Wert des Faktors Personal nicht nur materiell, sondern auch ideell richtig ein-schätzen kann, und
- wer mit dem richtigen Anforderungsprofil in das Bewerbungsgespräch geht,

dem wird es auch gelingen, Mitarbeiter zu bekommen.
- Wer von Anfang an für die Integration sorgt und die Arbeitsbedingungen rechtzeitig anpasst,
- wer sich auch um den Umgang der Mitarbeiter untereinander kümmert,
- wer mit Hilfe eines Personalentwicklungskonzeptes dem Wunsch nach individueller Weiterbildung gerecht werden kann,
- wer die Führung der Mitarbeiter auf der Basis von Mitarbeitergesprächen mit Zielver-einbarungen aufbaut,
- wer für Transparenz sorgt, und
- wer auch für eine Beteiligung der Mitarbeiter am Unternehmen ansprechbar ist,

dem wird es auch gelingen, Mitarbeiter zu behalten.

Perspektiven

6

6.1 Trends

Was heißt eigentlich Perspektive? Laut Duden bedeutet Perspektive Aussicht für die Zukunft, und für die meisten ist dieser Begriff positiv besetzt. Es werden also mehr Chancen vermutet als Risiken. Deshalb gibt es wohl auch keine schlechte Perspektive. Dann heißt es eher, dass z. B. bestimmte Bevölkerungsgruppen keine Perspektive haben.

Interessant werden die Perspektiven beispielsweise für die Finanzierung oder die Kunden eines Unternehmens, wenn es gelingt, das Unternehmen mit Hilfe strategischer Ziele in die Zukunft zu führen. Wissenschaftlich untersucht wurden diese Zusammenhänge mit der sog. Balanced Scorecard von den amerikanischen Professoren Kaplan und Norton, und auch für die Planungsbüros gibt es eine Untersuchung zu den Perspektiven [11].

Neben den beiden bereits erwähnten Perspektiven, die die Finanzen und die Kundenzufriedenheit sichern sollen, gibt es normalerweise die Mitarbeiterperspektive zur Beschaffung und Erhaltung der Mannschaft sowie die Prozessperspektive für die Zusammenarbeit mit Partnern, und in einigen Fällen spielt auch die Nachfolgeperspektive für die professionelle Übergabe des Unternehmens eine große Rolle. Einige größere Planungsbüros wenden diese Managementmethode auch bereits an, und der Vorteil besteht darin, dass – im Unterschied zu den vergangenheitsbezogenen Kennzahlen – zukünftige Werte geplant werden. Um sich an diese nicht ganz einfache Materie heran zu tasten, ist es sinnvoll, zunächst die Trends für die Branche zu ermitteln.

Dass in Zukunft mehr Aufträge für das Bauen im Bestand zustande kommen als für Neubauten ist nicht mehr neu. Aber dass (wegen der Singles) immer mehr kleinere Wohnungen benötigt werden und dass sich die Bautätigkeit von Häusern und Wohnungen wieder mehr vom Land in die Stadt verlagert, wohl doch. Die Nachfrage wird stärker von Käufern beeinflusst, die nicht selbst in den von ihnen erworbenen Wohnungen leben, sondern diese als Kapitalanlage nutzen, und die Architektur bekommt den Beistand der Psychologie, wenn es stimmt, dass sich die Gestaltung eines Gebäudes auf das Verhalten

© Springer Fachmedien Wiesbaden GmbH 2017

D. Goldammer, *Betriebswirtschaft für Architekten und Bauingenieure*,
DOI 10.1007/978-3-658-16462-1_6

und das Wohlbefinden der Menschen in diesem Gebäude auswirken. Vor kurzem ist sogar über Häuser berichtet worden, die aus Containern entstehen, und ein neuer Begriff taucht auf: „Coliving". Gemeint ist damit ein Wohnkonzept für Jobnomaden, die sich nur begrenzte Zeit in einer Stadt aufhalten und auf diese Weise auch den sozialen Kontakt mit mieten. Das wäre also eine Art Business-WG.

Es wird eine Zunahme der Public-Private-Partnership-Projekte geben, die auch bei kleineren Gebäuden zustande kommen. Damit wiederum ist der Trend zur Prozess- und Partnerorientierung verbunden. Das lebenszyklusorientierte Planen und Bauen von der Rohstoffgewinnung über die Errichtung und den Betrieb bis zum Rückbau von Gebäuden wird eine größere Rolle spielen, und auch durch die zahlreichen Fördermaßnahmen für Sanierung und Renovierung entstehen Potentiale für die Planungsbüros.

Damit komme ich zu einem Trend, der alles andere überstrahlt: Nachhaltigkeit. In der Zeitschrift Green Building [29] wird dieser Begriff wie folgt beschrieben: Demografische Entwicklung, soziale Spreizung der Gesellschaft und damit Pluralität der Lebensstile sowie Klimaschutz und Energieeffizienz.

Am Anfang steht der demografische Wandel. Daraus folgt die Rücksichtnahme auf eine immer älter werdende Bevölkerung und deren geänderte Wohnverhältnisse, einschließlich des sozialen Umfeldes. Es geht weiter mit der wirtschaftlichen Situation der privaten Haushalte. Aufgrund der derzeitigen Prognosen wird es zwar auch in Zukunft eine Nachfrage nach teuren Wohnungen geben, aber das verfügbare Einkommen der Älteren wird wahrscheinlich abnehmen, und das führt dazu, dass auf dem Wohnungsmarkt eine Polarisierung eintritt mit überwiegend preiswertem Wohnungsbedarf. Schon jetzt können Käufer oder Mieter einer Immobilie Einsicht in den Energieausweis des Gebäudes verlangen. Schließlich wird mit der Forderung nach Klimaschutz und Energieeffizienz der energetische und ökologische Standard der Wohnung zu einem wichtigen Nachfragekriterium. Am meisten wird wohl auch die Planungsbüros die sparsame Energieverwendung im Rahmen der Energiewende beschäftigen und dabei haben sie den großen Vorteil, unabhängig zu sein, denn sie wollen weder Energie noch Geräte verkaufen.

Solarenergie, Bioenergie, Windenergie, Wasserkraft und Erdwärme sind die neuen Energien, die immer mehr an die Stelle unserer bisherigen Energiequellen treten sollen. Neue Rahmenordnungen wie das Gesetz zur Förderung erneuerbarer Energien begünstigen diesen Trend. Schlagworte wie „das Gebäude als Kraftwerk" oder „Energiegewinnhaus" und „Solarstrom auf Vorrat" tauchen in den Fachzeitschriften auf und fordern die Beteiligten am Bau zu einer entsprechenden Orientierung auf. Wie werden die Planungsbüros darauf reagieren?

6.2   Der Veränderungsprozess

Am besten beginnt der Veränderungsprozess [7] bereits im eigenen Unternehmen. Die Zeiten, in denen Ökonomie und Ökologie noch als Gegensatz verstanden wurden, sind vorbei. Heute macht es auch in kleineren Unternehmen, die dafür keinen Aufsichtsratsbeschluss brauchen, Sinn, darauf zu achten, dass kein Rechner über Nacht angeschaltet bleibt, dass Umweltpapier Verwendung findet, dass Ökostrom bezogen wird und dass so weit wie möglich der Bus oder das Fahrrad für den Weg zur Arbeit genutzt wird. Denn wenn sie das nicht machen, kann es passieren, dass ein Kunde, der darauf seinerseits Wert legt, sich nach einem anderen Planungsbüro umsieht, das seinem Verständnis von Umweltschutz und Ressourcenschonung besser gerecht wird. Damit wird ein Aspekt angesprochen, worauf die Planungsbüros in Zukunft stärker achten müssen, nämlich wie ihre Kunden es mit der Ökologie und der Schonung der Ressourcen halten. Vielleicht ist das sogar ein neuer Ansatz für die Lösung des sehr alten Problems, dass die Auftragsvergabe im Wettbewerb letztlich doch immer danach entschieden wird, wer den niedrigsten Preis anbietet.

Die zukünftigen Chancen werden also mehr im Bereich der weichen Erfolgsfaktoren liegen, die wahrscheinlich auch schon bald zu harten Faktoren werden. Denn wenn die potentiellen Auftraggeber ihre Entscheidung davon abhängig machen, dass auch die Auftragnehmer ein nachhaltiges Management pflegen, dann wäre es gut, wenn die Planungsbüros ihr Engagement z. B. mit einem Gütesiegel für die Ressourceneffizienz von Gebäuden in den Bereichen Energie, Wasser und Material nachweisen können [30].

Es gibt bereits Initiativen von Architekten und Ingenieuren, die neue Bürogebäude ausschließlich auf der Basis von nachwachsenden Rohstoffen planen, und im Bereich der Sanierung sowie Renovierung bilden sich neue strategische Allianzen, die auch Handwerksbetriebe integrieren. Sogar das schon lange bekannte Contracting wird wieder neu entdeckt. Das produzierende Gewerbe, das einem Contractor die Energieerzeugung auf dem Betriebsgelände gestattet, spart nicht nur Investitionen und Risiken für die eigene Energieerzeugung, sondern kann auch Steuervorteile nutzen.

Auch sonst sind die Planungsbüros gut beraten, die zahlreichen Fördermaßnahmen zur Energieeinsparung und zum Klimaschutz, z. B. der KfW, zu erkunden und ihre (potentiellen) Kunden darüber zu informieren. Auch dadurch entstehen Aufträge.

Überdacht werden müssen die einzelnen Fachgebiete dahingehend, wie sich die neuen Herausforderungen darauf auswirken, ob mit einer veränderten Wettbewerbssituation gerechnet werden muss, ob eine neue ABC-Analyse zu neuen Erkenntnissen über die Wichtigkeit der Kunden führt, ob das Auslaufen eines Fachgebietes jetzt schneller erfolgen wird als bisher angenommen, und ob es gelingen wird, mit der vorhandenen Mannschaft die interne Organisation in ein Management-Konzept umzuwandeln, das ökonomische, ökologische und soziale Ziele gleichermaßen berücksichtigt. Was muss gemacht werden, um die dafür erforderlichen Qualifikationen zu schaffen? Zunächst kann es sinnvoll sein, spezielle Fähigkeiten bestimmter Mitarbeiter intern auf andere Kollegen zu übertragen. Ein solches internes Coaching könnte sich insbesondere auf die im Kap. 4 behandelte Kommunikation beziehen, und beinhaltet folgende Fragen: Wer von uns kann am besten telefonieren? Wer schreibt die besten Bewerbungsbriefe? Wer kennt unsere wichtigsten Kunden am besten? Wer kann am besten verhandeln? Wer hat die besten Beziehungen? Wer kann am besten mit schwierigen Kunden umgehen? Wer bringt uns auf neue Ideen und kann die anderen mitziehen?

Natürlich wird auf diesem Weg nicht alles widerstandslos verlaufen. Die meisten Menschen sind nicht von vornherein von Veränderungen begeistert. Sie befürchten im Gegenteil mehr Nachteile, was angesichts der Fusionen, Aufkäufe und Freisetzungen von Mitarbeitern bei den großen Unternehmen auch nicht unverständlich ist. Deshalb ist manchmal sogar eine Krise nötig, um den Erneuerungsprozess in Gang zu setzen. Die Erneuerung bzw. Anpassung der Organisation an die geänderten Verhältnisse trifft die Planungsbüros außerdem unterschiedlich. Während manche nur an ein paar Stellen eine „Reparatur" vornehmen müssen, z. B. durch Anhebung der Arbeitszeit oder Aufgabe eines defizitären Fachbereichs, müssen andere sich insgesamt neu aufstellen und notfalls das Worst-Case-Szenario (s. Masterplan, Abschn. 6.4) bewältigen.

Das Problem vieler Menschen besteht darin, dass sie zu viele Gegebenheiten für selbstverständlich halten. Das gilt z. B. für ihre Gesundheit, die Sicherheit des Arbeitsplatzes, die stetige Erhöhung ihres Gehaltes, die Unterstützung ihrer Kollegen, die Bereitstellung der erforderlichen Arbeitsmittel, die Selbständigkeit des Handelns und besonders die Fähigkeit ihres Chefs, immer rechtzeitig für neue Aufträge zu sorgen. Das wird alles einfach abgehakt, nach dem Motto: Dafür arbeite ich doch ordentlich. Mit dieser Einstellung wird man in Zukunft nicht mehr weit kommen, man braucht das Engagement, die Teamfähigkeit und das gegenseitige Verständnis aller, und es gibt für die hier angesprochene Perspektive der Prozessorientierung ein Beispiel von Studenten für Architektur und Bauingenieurwesen, die das mit zwei Gruppen im Rahmen eines Planspiels perfekt gelöst haben:

> Vorausgegangen waren diesem Planspiel die Diskussion über die Wertschöpfungskette am Bau und die daraus resultierende Notwendigkeit der Zusammenarbeit mit internen und externen Partnern. Aufgabe im Planspiel war es, zu entscheiden, wie diese Zusammenarbeit zu organisieren ist, wer für das jeweilige Projekt verantwortlich zeichnet und welche Leistungen ggf. im Facility-Management angeboten werden sollen.
>
> Das Ergebnis war in beiden Fällen eine umfassende Teamorganisation, in die auch die Unterauftragnehmer einbezogen wurden, und die Anbindung dieses Netzwerkes an den Projektsteuerer für das gesamte Projekt. In einem Fall bekamen sogar die späteren Nutzer die Gelegenheit, an bestimmten Projektbesprechungen teilzunehmen. Die Verantwortung hat ein Projektleiter bzw. Teammanager, der auch etwas von Betriebswirtschaft verstehen muss. Deshalb sollte dies ein Wirtschaftsingenieur sein, der das nicht zum ersten Mal macht.
>
> In das anschließende Facility-Management wollen beide Gruppen einsteigen. In beiden Fällen ist das Energiemanagement der Ausgangspunkt und auch für die Organisation der Hausmeisterdienste sowie der Gebäudereinigung sind sich die Teams nicht zu schade.
>
> Das Verständnis von Service und Flexibilität wollen beide Gruppen in Form der Ansprechbarkeit für Planungsänderungen signalisieren, aber als Leistung, nicht als kostenlose Nebenleistung, und dass auch Studenten auf die Idee kommen, das Gebäude möglichst so zu bauen, dass auch spätere Veränderungen des Innenausbaus problemlos möglich sind, ist besonders erwähnenswert.

Einen grundsätzlichen Veränderungsprozess löst in vielen Fällen die Nachfolgeperspektive [9] aus. Aufgrund einer groß angelegten Befragung von Familienunternehmen [31] müssen etwa 110.000 Unternehmen (rd. 23 % aller infrage kommenden) einen Nachfolger finden. Viele werden dabei Schwierigkeiten haben und etwa 30.000 müssen sogar damit rechnen, den Betrieb ganz einzustellen. Bezieht man diese Prozentzahlen auf die Branche der Planungsbüros, dann müssen etwa 15.000 Unternehmen eine Nachfolge organisieren, und 2000 Planungsbüros wird das wahrscheinlich nicht gelingen.

Schließlich soll im Rahmen dieses Veränderungsprozesses an die Werteorientierung im Kap. 2 sowie das Personalmarketing in Kap. 5 angeknüpft und darauf hingewiesen werden, dass das Personalmanagement wahrscheinlich das größte Problem der Planungsbüros in den nächsten Jahren sein wird. „Ein Check auf die Zukunft", so wird in der Zeitschrift ProFirma [32] die neue Personalstrategie mit der Weiterbildung als Hauptaufgabe beschrieben. Während die wirtschaftliche Perspektive weitgehend positiv gesehen wird, sind viele Planungsbüros wegen des Fachkräftemangels besorgt, und sie befürchten deshalb Umsatzeinbußen sowie eine Verschlechterung des Service. Hinzu kommt, dass die Bewerber, die es noch gibt, oft nicht die erforderlichen Anforderungen erfüllen. Es bleibt den Planungsbüros also gar nichts anderes übrig, als selbst für die Weiterbildung und Kompetenz ihrer Mitarbeiter zu sorgen. Über das Internet gibt es zwar gute Anregungen. Aber man muss sich inzwischen daran gewöhnen, dass auch die Unternehmen in Bewertungsplattformen [33] kritisiert werden, leider nicht immer positiv. Deshalb muss man sich auch darum kümmern, um ein negatives Image zu vermeiden.

Zusammenfassend können folgende Veränderungen festgestellt werden:

- Die Personalpolitik wird zum wichtigen Erfolgsfaktor.
- Die Formen der Zusammenarbeit werden sich ändern.
- Das Facility-Management wird reizvoller.
- Es wird öfter zu strategischen Allianzen auf Dauer kommen, ohne dass der eine den andern kauft.
- Der Generationswechsel wird sich stärker auswirken.
- Der Anteil der Frauen (auch bei der Nachfolge) wird steigen.
- Es wird in Zukunft mehr GmbHs und kleine AGs geben.
- Die Nutzer werden stärker in das Blickfeld geraten.
- Die technische und kaufmännische Ausrüstung mit entsprechender Software werden unabdingbar.
- Die Chancen der Inanspruchnahme öffentlicher Fördermittel werden besser erkannt.
- Der Wettbewerb der Zukunft wird sich auf der Basis möglichst niedriger Kosten, nicht möglichst niedriger Preise abspielen.
- Die Erschließung neuer Geschäftsfelder wird zunehmen.

6.3 Businessplan

Der Businessplan (s. Abb. 6.1) vermittelt eine Vorstellung davon, wie sich das betreffende Unternehmen seine Entwicklung vorstellt. Es geht also um die Unternehmensplanung. Früher, als sich noch ein Auftrag nahtlos an den anderen reihte, man kein Marketing kannte und selbst mit den Mindestsätzen der HOAI ein auskömmliches Ergebnis zu erwarten war, brauchte man noch keinen Businessplan. Aber heute benötigt sogar ein Ingenieur, der sich selbständig machen will und Fördermittel in Anspruch nehmen möchte, einen Businessplan. Außerdem hat er im Unterschied zu den schon bestehenden Unternehmen eine besondere Schwierigkeit. Er muss nämlich seine Geschäftsidee verkaufen, die bei den anderen schon viele Jahre funktioniert hat.

Wenn jetzt auch schon länger existierende Unternehmen gefordert sind, einen Businessplan zu erstellen, so hat das mehrere Gründe. Es kommt vor, dass die Hausbank plötzlich so etwas haben möchte. Oder es steht im Büro eine Nachfolgeregelung an, und schließlich zwingt der Businessplan oder auch Geschäftsplan, wie das einige nennen, dazu, sich mit dem eigenen Unternehmen kritisch auseinanderzusetzen. Dabei stellt sich die Frage des Gründers oftmals umgekehrt, nämlich: Wie lange trägt unser Geschäftsmodell noch in der Zukunft? Einige werden darauf kommen, ein neues Betätigungsfeld aufzubauen, und dann müssen sie diese Idee genau so begründen wie die Gründer ihre erstmalige Geschäftsidee. Einen Vorteil haben sie dann aber immer noch. Meistens haben sie parallel zum neuen Geschäftsfeld noch Stammkunden im „Altgeschäft", die ihnen helfen, eine längere Durststrecke bis zur Wirtschaftlichkeit des neuen Betätigungsfeldes zu überstehen.

Abb. 6.1 Der Businessplan der
Planungsbüros [34]

- Executive Summary

- Unternehmensdaten

- Geschäftsbereiche

- Markt

- Wettbewerb

- Kritische Erfolgsfaktoren

- Unternehmensstrategie

- Marketing-Konzept

- Controlling

- Umsatzplanung

- Personalplanung

- Investitionsplanung

- Kostenplanung

- Liquiditätsplanung

- Planerfolgsrechnung

- Chancen und Risiken

Aufgrund entsprechender Erfahrungen soll außerdem vorab auf ein paar typische Probleme, Schwachstellen oder sogar Fehler aufmerksam gemacht werden. Zunächst sollte sich niemand dazu verführen lassen, einen Text, der ihm gefällt, irgendwo abzuschreiben. Diese Warnung galt schon für das Unternehmensportrait und den Bewerbungsbrief. Sodann neigen etliche Businessplaner dazu, das Marktpotential, ihre Wettbewerbsstärke und die Attraktivität ihres Leistungsangebotes zu überschätzen, während sie den erforderlichen finanziellen Aufwand, das Controlling und den Personalbedarf unterschätzen. Manchmal vermisst man auch das persönliche Engagement, das hinter dieser Planung steht. Aber das ist gerade für die Inhaber eines Planungsbüros wichtig, denn sie sind es oft, auf deren Person sich das ganze Unternehmen konzentriert.

Der Businessplan beginnt mit einer Kurzzusammenfassung (Executive Summary), die eigentlich an das Ende gehört. Der Grund dafür ist einfach. Für potentielle Geldgeber, Partner oder Schnellleser ist das eine wichtige Hilfe. Hier soll der Kern der Botschaft formuliert und der Leser neugierig gemacht werden. Außerdem wird man dadurch gezwungen, in wenigen Sätzen auf maximal einer Seite, besser noch auf einer halben Seite, die entscheidenden Aussagen zum Leistungsspektrum, zum Markt, zu den Kunden, zum Wettbewerb und zum Management bzw. der Organisation auf den Punkt zu bringen. Viele empfehlen deshalb auch, diese Zusammenfassung erst zum Schluss zu formulieren.

Bei den nächsten Punkten des Businessplans, der insgesamt nicht mehr als 15 bis 20 Seiten haben sollte, können die bestehenden Unternehmen sich die Sache etwas einfacher machen. Denn die Unternehmensdaten, die Geschäftsbereiche, die Beschreibung der Markt- und Wettbewerbssituation, die Formulierung der Unternehmensstrategie, das Marketing-Konzept sowie das Controlling-System, das alles ist normalerweise bereits irgendwo niedergeschrieben worden, und jetzt ergibt sich auch die Gelegenheit, eine schon längst fällige Aktualisierung dieser Quellen vorzunehmen. Die meisten dieser Aspekte sind außerdem in diesem Buch bereits beschrieben worden.

Im Einzelnen soll hier noch auf folgende Anregungen aufmerksam gemacht werden: Zu den Unternehmensdaten gehören die Gründung, die bisherige Entwicklung, wichtige Stationen, eventuelle weitere Standorte, Mitgliedschaften in Verbänden, Kammern oder sonstigen Organisationen, etwaige Zusatzqualifikationen sowie Zertifizierungen und natürlich die Führung dieses Unternehmens.

Die Geschäftsbereiche bzw. das Leistungsspektrum zu erklären, ist relativ einfach. Schwieriger ist es aber, hier auch plausibel darzustellen, welcher Nutzen damit für die Kunden verbunden ist. Bei den Stichworten „Markt" und „Wettbewerb" sollte bedacht werden, dass es sich beim Businessplan um eine Zukunftsbetrachtung handelt. Deshalb muss hier erklärt werden, in welche Richtung sich die Branche voraussichtlich entwickeln wird und wie sich dies auf das Unternehmen auswirkt.

Die Unternehmensstrategie wurde zwar schon im Kap. 2 beschrieben. Aus der Sicht von Trends und Perspektiven wird aber besonders dabei ein Veränderungsbedarf deutlich, wenn das Leistungsangebot oder die Positionierung angepasst werden müssen. Das wiederum hat Einfluss auf das Controlling-System und das Marketing-Konzept.

Noch nicht beschrieben wurde der Punkt „Kritische Erfolgsfaktoren". Dabei unterscheidet man „harte" und „weiche". Harte Faktoren sind die betriebswirtschaftliche Performance, die Arbeitsproduktivität und die Effizienz der Fremdleistungen (s. Kap. 3). Davon hängt der materielle Erfolg ab. Weiche Faktoren sind Kommunikationsfähigkeit, Kooperationsfähigkeit und Innovationsfähigkeit. Davon hängen der immaterielle Erfolg beim Umgang mit Kunden und Partnern sowie die Fähigkeit ab, auf neue umsetzbare Ideen zu kommen.

Damit kommen wir zur eigentlichen Planung. Begonnen wird mit der Umsatzplanung nach Fachgebieten, ausgehend von der Ist-Situation für die nächsten 3 Jahre. Warum auch in einem kleineren Unternehmen eine Personalplanung notwendig ist, verstehen einige nicht. Wahrscheinlich deshalb, weil sie nicht bedenken, dass in einem Zeitraum von drei Jahren eine durchschnittliche Fluktuation von 50 % (Zu- und Abgänge) erfolgt, dass bestimmte Qualifikationen neu beschafft oder ausgebaut und dass auch die in den Mitarbeitergesprächen vereinbarten Weiterbildungsmaßnahmen geplant werden müssen.

Da die Planungsbüros nicht kapitalkostenintensiv sind, beschränkt sich ihre Investitionsplanung normalerweise auf die Anschaffung oder den Ersatz von Büroausstattungen, Software und Fahrzeuge, die teilweise auch geleast werden können. Dann sind das auch Kosten, die als Teil der Sachkosten in die dreijährige Kostenplanung eingehen, und der daraus resultierende Finanzierungsbedarf ist Bestandteil der Liquiditätsplanung. Bei der Kostenplanung geht es deshalb insbesondere um die Kosten für das Personal und die Fremdleistungen in diesem Zeitraum.

Die Liquiditätsplanung wird nur für den wesentlich kürzeren Zeitraum von jeweils 12 Monaten durchgeführt. Wegen der relativ schlechten Zahlungsmoral der Kunden und der damit verbundenen Notwendigkeit einer Aufrechterhaltung der jederzeitigen Zahlungsfähigkeit ist die Liquiditätsplanung für viele Büros sogar wichtiger als die Ergebnisplanung. Für die jeweils fälligen und monatlich wiederkehrenden Verbindlichkeiten, die gut planbar sind, müssen immer liquide Mittel, ggf. mit Hilfe der Kreditlinie der Bank, zur Verfügung stehen. Für die auf drei Jahre zu erstellende Planerfolgsrechnung schließlich wird das Schema gemäß Abb. 6.2 mit Hilfe von Kennzahlen vorgeschlagen [7].

Mit der Beschreibung von Chancen und Risiken tun sich verständlicherweise besonders die Unternehmensgründer schwer. Manche wählen, meistens aus Unachtsamkeit, schon die falsche Reihenfolge, indem sie diesen Sachverhalt mit „Risiken und Chancen" überschreiben, und vermitteln damit den Eindruck, dass die Risiken größer sind als die Chancen. Beginnen sollte man deshalb mit den Chancen, wie z. B. dem großen Marktpotential oder den wenigen Wettbewerbern sowie dem aussichtreichen Standort. Danach sollte man aber auch eine realistische Einschätzung der Risiken, wie z. B. die mögliche Abhängigkeit von wenigen Kunden oder etwaige Veränderungen der Rahmenbedingungen, erwähnen. Denn ohne Hinweis auf Risiken würde man unglaubwürdig. Natürlich darf man das dann nicht einfach so stehen lassen. Es sollte auch bereits erwähnt werden, wie man auf solche Entwicklungen, falls sie eintreten, reagieren will, und dafür braucht man einen Masterplan.

	IST	P 1	P 2	P 3
Gesamtleistung (TEUR)	3.000			
Umsatz/MA (TEUR)	80			
Bezogene Leistungen (TEUR)	300			
Anteil am Umsatz (%)	10			
Abschreibungen (TEUR)	200			
Sonstige Aufwendungen (TEUR)	487			
Personalkosten (TEUR)	1.833			
Anteil Personalkosten an Gesamtkosten (%)	65			
Jahresüberschuss (TEUR)	180			
Umsatzrendite (%)	6,3			
Cash flow (%) *)	12,7			
Eigenkapitalrentabilität (%)	30			
Wertschöpfung **)	1,6			
Umschlagshäufigkeit der Leistungsforderungen ***)	5,0			

*) $\frac{\text{Jahresüberschuss + Abschreibungen + Veränderungen der Rückstellungen x 100}}{\text{Umsatz (Gesamtleistung)}}$

**) $\frac{\text{Gesamtleistung}}{\text{Personalkosten}}$

***) $\frac{\text{Gesamtleistung}}{\text{Forderungen}}$

Abb. 6.2 Planerfolgsrechnung [7]

6.4   Masterplan

Der Masterplan beruht auf der Szenario-Technik und unterscheidet sich vom Businessplan dadurch, dass nicht nur unterschiedliche Entwicklungen angenommen werden, sondern auch bereits erklärt wird, wie sich das Unternehmen verhalten kann, wenn ein solcher Fall eintritt. Dabei werden üblicherweise drei verschiedene Szenarien für möglich gehalten, nämlich der mittlere wahrscheinliche Fall, der Worst Case für eine negative Entwicklung sowie der Best Case für das Gegenteil.

Während das mittlere Szenario weitgehend die derzeitige Situation widerspiegelt und die üblichen Maßnahmen zur Kosteneinsparung und Erlössteigerung beinhaltet, würden die anderen beiden Szenarien stärkere Maßnahmen nach sich ziehen. So könnte ein Planungsbüro, das von wenigen großen Kunden abhängig ist, sich die Frage stellen, was passieren soll, wenn ein Kunde, von dem es zu 30 % seines Umsatzes abhängig ist, und das ist gar nicht so selten der Fall, abspringt oder Insolvenz anmelden muss. Neben direkten Maßnahmen wie einem Kosteneinsparungsprogramm und der Reduzierung der Fremdleistungen könnte es sinnvoll sein, schon jetzt für Alternativen in Form mehrerer kleiner Auftragnehmer zu sorgen. Zumindest ein Konzept sollte es dafür geben, denn dass das Büro stark abhängig von den wenigen Kunden war, wusste man ja schon vorher.

Umgekehrt kann es sein, dass eine erfolgreiche Marketing-Aktion oder die Entdeckung einer neuen Fördermaßnahme zu einem Auftragsvolumen führen, das mit der derzeitigen Mannschaft nicht mehr zu bewältigen wäre. Zwar können auch in diesem Fall Freie Mitarbeiter als Puffer genutzt werden, aber das ist nur eine kurzfristige Maßnahme. Auf Dauer wird man um Personalaufstockungen und/oder Partnerschaften nicht herum kommen, und auch dafür sollte es ein Konzept geben.

Auf diese Weise kann man sich auf Entwicklungen vorbereiten, die vielleicht nicht sehr wahrscheinlich, aber auch nicht ausgeschlossen sind. Denkbar sind z. B. folgende positive Herausforderungen:

- Der Aufbau eines neuen Betätigungsfeldes, das lange Zeit nur Kosten verursacht hat, erweist sich plötzlich als erfolgreich, und dafür braucht das Unternehmen neue Mitarbeiter. Ein Plan für die Beschaffung liegt in der Schublade.
- Ein Mitarbeiter hat einen neue Zusatzqualifikation erworben, durch die neue Kunden gewonnen werden können und die Zusammenarbeit mit neuen Partnern ermöglicht wird. Die dafür erforderliche Organisation ist bereits überlegt worden.
- Ein neuer Großauftrag steigert den Umsatz um 30 %. Für einen solchen Fall gibt es ein Konzept zum kurzfristigen Einsatz von Subauftragnehmern.
- Eine neue technische Software ermöglicht 20 % Zeitersparnis. Was soll mit dieser Zeit geschehen? Es gibt bereits Überlegungen, wie die dadurch frei gesetzten Mitarbeiter für neue Projekte eingesetzt werden können.
- Die Übernahme eines anderen Planungsbüros mit Synergie-Effekten wird möglich. Der Plan für die Integration besteht. Es müssen nur noch die operativen Maßnahmen durchgeführt werden.
- Ein Stammkunde ermöglicht den erstmaligen Einsatz im Ausland. Da bereits zwei Mitarbeiter bekannt sind, die das gern übernehmen würden, ist nur noch die erforderliche Organisation umzusetzen.

Denkbar sind aber auch z. B. folgende negative Herausforderungen:

- Eine Wirtschaftskrise trifft besonders die Stammkunden. Eine Marketing-Kampagne zur Beschaffung von Kunden aus einer davon nicht betroffenen Branche liegt in der Schublade.

- Die Kündigung eines wichtigen Mitarbeiters, der zwei große Auftraggeber betreut, stellt das Unternehmen vor große Probleme. Deshalb wird bereits jetzt für alle Mitarbeiter, die solche Kunden betreuen, ein Stellvertreter aufgebaut, der diese Aufgabe kurzfristig übernehmen kann.
- Der bereits aufgebaute Nachfolger für den Chef stellt sich als Fehlgriff heraus. Aber es gibt bereits einen Plan B, der sofort umgesetzt werden kann und nunmehr die Strategie verfolgt, ein anderes Planungsbüro für die Übernahme zu interessieren.
- Ein Fachgebiet macht dauerhafte Verluste, die von den anderen Fachgebieten getragen werden. Es gibt bereits eine Untersuchung darüber, welches Subunternehmen man damit kostengünstiger beauftragen könnte und was mit den betroffenen Mitarbeitern geschehen soll.
- Eine Außenstelle ist aufgrund der Deckungsbeitragsrechnung nicht mehr wirtschaftlich. Damit muss man rechnen. Deshalb sollte schon vorher dokumentiert werden, was der Grund für die ursprüngliche Einrichtung war und ob es übergeordnete Gründe für die Aufrechterhaltung gibt. Möglicherweise sind das wichtige Kunden, die von der Präsenz vor Ort ihre Auftragserteilung abhängig machen.

6.5   Aufbau eines neuen Geschäftsfeldes

Die am Anfang dieses Kapitels aufgezeigten Trends machen deutlich, dass sich die Welt auch für die Planungsbüros verändern wird. Jetzt noch zu glauben, es werde in den nächsten Jahren so weitergehen wie in den letzten zehn Jahren, wäre Leichtsinn. Deshalb werden auch mehr darüber nachdenken, was sie in fünf Jahren machen wollen, und einige werden dabei wahrscheinlich beschließen, ein neues Geschäftsfeld aufzubauen.

Ein Partner in der Wertschöpfungskette am Bau, nämlich die Bauindustrie, hat bereits erklärt, dass sie in Zukunft mehr Dienstleistungen anbieten und nur noch 60 % mit dem Bauen selbst umsetzen möchte. Auch einige Kammern haben schon vor ein paar Jahren darauf aufmerksam gemacht, dass immer weniger Planer im klassischen Berufsfeld tätig sein können und dass sie, um auskömmliche Honorare erreichen zu können, neue Tätigkeitsfelder erschließen müssen. Einige werden relativ schnell auf die Idee kommen, in ein für sie neues Betätigungsfeld einzutreten, das schon länger auf dem Markt ist, z. B. das Facility-Management, oder sie versuchen, ebenfalls wie schon andere, sich als Projektsteuerer zu betätigen. Die vielen Anregungen, die in Ziffer 6.1 bzw. Ziff 6.2 vorgestellt wurden, mögen für viele noch etwas verwirrend sein, und einen Innovationsmanager, der sich dieser Aufgabe annimmt, gibt es auch nicht. Trotzdem wird akzeptiert, dass etwas passieren muss.

Wie die Abb. 6.3 zeigt, muss man dabei ähnlich vorgehen wie bei der Gründung eines Unternehmens. Beginnen Sie mit der Darstellung von Chancen und Risiken für das Vorhaben. Stellen Sie fest, ob Sie über die erforderlichen Kompetenzen verfügen und ob die Deckungsbeiträge der bisherigen Fachgebiete die Anlaufverluste des neuen Bereichs kompensieren können. Dokumentieren Sie, was der Innovationsansatz für das neue Fachgebiet war, überlegen Sie ehrlich, ob das Marktpotential dafür groß genug ist und welche

Abb. 6.3 Aufbau eines neuen
Geschäftsfeldes

- Chancen und Risiken

- Kompetenzen

- Deckungsbeiträge der bisherigen Fachgebiete

- Innovationsansatz

- Marktpotential

- Zielgruppe

- Konkurrenz

- Fördermittel

- Personelle und organisatorische Voraussetzungen

- Partner

- Strategie

- Marketingkonzeption

- Controlling

- Planerfolgsrechnung

Zielgruppe Sie ansprechen möchten. Vielleicht sind das ja sogar Kunden, die Sie auch bisher schon mit Ihren Leistungen betreuen. Versuchen Sie zu erkunden, wer die Konkurrenten sind, und ob Sie Fördermittel nutzen können. Sind die erforderlichen personellen und organisatorischen Voraussetzungen gegeben oder brauchen Sie Partner? Welche Strategie (s. Abschn. 2.2), welche Marketingkonzeption (s. Kap. 4), welches Controlling-System (s. Abschn. 3.3) wollen Sie anwenden? Und machen sie eine Planerfolgsrechnung (s. Abb. 6.2). Ich nenne das bewusst nicht Ergebnisplanung. Denn wenn dieses Projekt nicht innerhalb eines Zeitraumes von etwa drei Jahren wirtschaftlich wird, sollten Sie lieber die Finger davon lassen.

Zum Schluss habe ich ein paar Anregungen für diejenigen, die noch auf der Suche nach einer neuen Idee sind:

Manche kommen auf neue Ideen, wenn sie allein durch den Wald wandern.
Andere lesen ein Buch, das eigentlich gar nichts mit ihrem Fachgebiet zu tun hat, und
    können daraus eine neue Geschäftsidee ableiten.
Einige begeben sich regelmäßig an einen abgeschiedenen Ort, wo sie nicht erreichbar sind
    und wo sie ihre „Denkfabrik" aufbauen.
Wer über ein Netzwerk verfügt und regelmäßig mit Leuten aus benachbarten Branchen
    zusammenkommt, erfährt Anregungen für ein neues Betätigungsfeld, das zu seinem
    Leistungsspektrum passt.

Die kontinuierliche Verfolgung von Informationen über Trends und Fördermittel führt zu neuen Anstößen für das eigene Verhalten.

Manche inspiriert allein das, was viele gar nicht mehr können, nämlich im Zug die Landschaft an sich vorbeiziehen zu lassen und plötzlich an etwas ganz anderes zu denken.

Manchmal ist es der Ärger über die mangelhafte Leistung eines Partners, der dazu animiert, das in Zukunft besser selbst zu machen.

Ein altes nicht mehr genutztes Gebäude, an dem man immer wieder vorbeifährt, regt einen Architekten oder einen Ingenieur zu der Frage an, was man damit noch machen könnte.

Der Bericht in der Zeitung über ein neuartiges Bauvorhaben ist der Impuls für eine eigene neue Dienstleistung.

Der Internet-Auftritt der Konkurrenz verrät oft mehr als die Initiatoren selbst wollen, und eine schon länger bekannte Methode besteht darin, gemeinsam mit den Mitarbeitern abseits vom Tagesgeschäft auf zunächst abwegig erscheinende Initiativen zu kommen (Brainstorming).

Bei alledem muss man natürlich aufgeschlossen und aufnahmebereit für solche Wahrnehmungen sein, sonst funktioniert das nicht.

Ergebnis: Das zukünftige Planungsbüro
- hat Perspektiven,
- weiß, wie es sich am Markt mit neuen Rahmenbedingungen positionieren muss,
- findet heraus, was es besser kann als andere,
- ist flexibel und anpassungsfähig,
- kann mit neuen Partnern kooperativ zusammenarbeiten,
- erkennt Chancen und Risiken,
- kommt auf neue Ideen und entwickelt rechtzeitig ein neues Betätigungsfeld.

Mit diesem Buch möchte ich dazu beitragen, den Architekten und Ingenieuren das erforderliche betriebswirtschaftliche Wissen zu vermitteln, das sie für ihre (technische) Aufgabe brauchen. An der Hochschule ist es üblich, dass der gelehrte Stoff anschließend in Klausuren geprüft und bewertet wird. Das können wir hier zwar nicht machen, aber ich kann Ihnen zur Abrundung auch die wichtigsten Fragen stellen und bitte Sie, sich selbst zu prüfen. Ich wünsche Ihnen viel Erfolg dabei.

Ergebnis-Check Betriebswirtschaft: Prüfen Sie sich selbst! Unternehmensleitung
* Welches Unternehmensziel haben Sie und ist Ihre Strategie noch richtig?
* Passen dazu das Leistungsspektrum und der Einzugsbereich?
* Was sind Ihre Ressourcen und was verstehen Sie unter Corporate Identity?
* Gibt es eine Werteorientierung und geht diese ggf. in ein Unternehmensleitbild ein?
* Welche Stärken und Schwächen erkennen Sie an sich selbst?
* Ist Ihre Finanzierung gesichert und brauchen Sie ein QMS?
* Welche Rechtsformen für ihre Branche kennen Sie und ist Ihre noch richtig?
* Welche Partner haben Sie und wissen Sie auch, was ihr Unternehmen wert ist?

Organisation und Controlling
* Entsprechen die Organisation und die Projektleitung den individuellen Anforderungen?
* Gibt es für das Controlling-System auch die erforderliche Controlling-Software?
* Erfahren Sie Ihre wichtigsten Kosten und Erlöse früh genug, um ggf. gegensteuern zu können?
* Verfügen Sie über eine detaillierte Zeiterfassung und akzeptieren Sie, dass die Kalkulation der Projekte unverzichtbar ist?
* Wissen Sie, welche Deckungsbeiträge Ihre Fachgebiete sowie die Fremdleister erbringen und wie man eine Wirtschaftlichkeitsanalyse macht?

© Springer Fachmedien Wiesbaden GmbH 2017
129
D. Goldammer, *Betriebswirtschaft für Architekten und Bauingenieure*,
DOI 10.1007/978-3-658-16462-1_7

- Ermitteln Sie (einmal jährlich) ihre Arbeitsproduktivität und verfügen Sie über die wichtigsten Messgrößen?
- Wie beurteilen Sie Ihre „weichen" Erfolgsfaktoren und gehen diese auch in Ihr Frühwarnsystem ein?
- Nehmen Sie am Betriebskostenvergleich Ihrer Branche teil und brauchen Sie auch ein Forderungsmanagement?

Akquisition und Kommunikation
- Was ist das Besondere am Markt für Architektur- und Ingenieurleistungen und was wissen Sie von Ihren Kunden?
- Wie analysieren Sie Ihre Kunden und welche Kunden haben Sie in Ihrem Portefeuille?
- Haben Sie schon mal eine Kundenbefragung gemacht und wie gut kennen Sie Ihre Mitbewerber?
- Wie würden Sie den Nutzen Ihrer Leistung für Ihre Kunden beschreiben und wie vermitteln Sie das?
- Wie akquirieren Sie neue Kunden und wie schreiben Sie Ihren Bewerbungsbrief?
- Sind Sie zufrieden mit Ihrem Netzwerk und sind auch bei Ihnen Partner sowie Mittler für die Auftragsbeschaffung wichtig?
- Entspricht Ihre Selbstdarstellung dem gewünschten Erscheinungsbild und haben Sie bereits ein Kundenpflegekonzept?
- Können Sie sich vorstellen, dass Akquisition auch Ihnen hilft, und haben Sie schon mal über Ihr Alleinstellungsmerkmal (USP) nachgedacht?
- Wie erkennt man gefährdete Kundenbeziehungen und was verstehen Sie unter Customer-Relationship-Management?

Mitarbeiterführung
- Wie beurteilen Sie den künftigen Arbeitsmarkt und wie attraktiv sind Ihre Arbeitsplätze für Ihre Mitarbeiter?
- Welche Rolle spielt bei Ihnen die Motivation für Ihre Personalpolitik und wie machen Sie das?
- Welche Bedeutung hat bei Ihnen der Faktor Personal und wie helfen Ihnen Anforderungsprofile bei der Arbeitsplatzbewertung?
- Wussten Sie bereits, dass beim Personalmarketing die Personalerhaltung genau so wichtig ist wie die Beschaffung und welche Erfahrungen haben Sie mit Bewerbungsgesprächen?
- Entspricht Ihre materielle Entlohnung den aktuellen Erfordernissen und welche immaterielle Entlohnung können Sie außerdem bieten?
- Sollten Sie nicht auch einmal Ihre Arbeitsbedingungen überprüfen und kümmern Sie sich selbst um die Integration neuer Mitarbeiter?
- Wie beurteilen Sie den Umgang Ihrer Mitarbeiter untereinander und gibt es bei Ihnen bereits ein Personalentwicklungskonzept?

- Welchen Stellenwert hat bei Ihnen die betriebliche Weiterbildung und gibt es Mitarbeitergespräche mit Zielvereinbarungen?
- Können Sie sich mit dem Vorschlag für ein Jahresinformationsgespräch anfreunden und wäre auch eine Beteiligung der Mitarbeiter an Ihrem Unternehmen denkbar?

Perspektiven
- Welche Trends können Sie für Ihr Unternehmen erkennen und wissen Sie bereits, wie Sie darauf reagieren werden?
- Haben Sie noch Probleme mit der Erstellung eines Businessplans oder würden Sie sich auch an einen Masterplan herantrauen?
- Wann denken Sie über ein neues Geschäftsfeld nach?

Anhang: Anregungen für die gemeinsame Fortbildung

8

In allen maßgeblichen Fortbildungsmedien kann man lesen, dass man am besten das lernt, was man selbst ausprobiert. Das ist auch das Anliegen dieses Anhangs. Hier soll darauf aufmerksam gemacht werden, dass man auch im Planungsbüro vieles selber erlernen kann, und die Antworten auf die dabei gestellten Fragen finden Sie in diesem Buch.

Begonnen werden soll mit den Inhouse-Workshops „Wer sind wir, was können wir, wohin wollen wir?" – „Akquisition und Kommunikation" sowie „Ingenieure und Architekten bereiten sich auf ihre Zukunft vor – wie machen sie das?"

Danach wird ein gemeinsames Qualifikationsprogramm vorgeschlagen und es wird der Inhalt für Ihr individuelles Betriebswirtschaftshandbuch beschrieben.

Dann folgen die Planspiele „Unternehmensportrait/Flyer", „Kundeninformationsbrief" und „Aufbau des Netzwerkes".

Schließlich wird über die Planspiele „Positionierung" und „Gründung eines Planungsbüros" berichtet, die von Architektur- und Ingenieurstudenten der Fachhochschule Konstanz bearbeitet und gelöst wurden.

8.1 Workshop: Wer sind wir, was können wir, wohin wollen wir?

Folgende Themen und Fragen könnten Inhalt eines solchen Workshops sein:

- Die Herausforderungen der Zukunft
- Der Wandel am Bau
- Die betriebswirtschaftliche Performance
- Das Kundenportfolio
- Das Leistungsspektrum
- Die Ressourcen
- Die Partner

© Springer Fachmedien Wiesbaden GmbH 2017
D. Goldammer, *Betriebswirtschaft für Architekten und Bauingenieure*,
DOI 10.1007/978-3-658-16462-1_8

- Die Selbstdarstellung
- Das Unternehmensleitbild
- Die Zukunftsaspekte
- Was können wir besser als andere (Planungsbüros)?
- Was können wir nicht so gut?
- Wie sollten wir uns organisieren?
- Haben wir (gute) Beziehungen?
- Was wissen wir von unseren Kunden?
- Wie denken unsere Kunden über uns?
- Was wissen wir von unseren Mitbewerbern?
- Wie gehen wir miteinander um, und wie müssen wir kommunizieren?
- An welchen Werten sollen wir uns orientieren?

Der Fragenkatalog lässt sich individuell erweitern oder spezifizieren.

8.2   Workshop: Akquisition und Kommunikation

Folgende Fragen könnten bei diesem Workshop erörtert werden:

- Wie gut kennen wir unseren Markt?
- Welche Konkurrenten haben wir?
- Wer sind unsere Kunden?
- Wie gut kennen wir unsere Kunden?
- Welch Probleme haben Sie?
- Welche Lösungen haben wir dafür?
- Welchen Nutzen haben die Kunden davon?
- Wie bekommen wir Informationen?
- Wie kommen wir an neue Kunden?
- Wie können wir uns vorstellen?
- Wie pflegen wir unsere Kunden?
- Wie müssen wir die Kunden ansprechen?
- Welche Marketinginstrumente brauchen wir dafür?
- Was ist unser Alleinstellungsmerkmal?
- Wie erkennen wir neue Chancen?
- Wie erreichen wir eine dauerhafte Kundenbindung

8.3   Workshop: Ingenieure bereiten sich auf ihre Zukunft vor – wie machen sie das?

Folgende Themen könnten bei diesem Workshop angesprochen werden:

* Die Perspektiven (was werden wir in fünf Jahren machen?)
* Die neue Marktsituation (wie wird sich unser Markt verändern?)
* Das (neue) Unternehmensziel (welches Ziel wollen wir anstreben?)
* Die richtige Strategie (wie sollen wir uns positionieren?)
* Das Leistungsspektrum (was sollen wir anbieten?)
* Die Stärken und Schwächen (was können wir besonders gut und was weniger?)
* Die Kundenstruktur (welches Kundenportfolio können wir entwickeln?)
* Die Konkurrenzanalyse (wie gut kennen wir unsere Wettbewerber?)
* Die Akquisition (wie müssen wir in Zukunft unsere Aufträge beschaffen?)
* Die interne Organisation (wie sollen wir uns aufstellen?)
* Die technische Ausrüstung (welche Instrumente/Werkzeuge brauchen wir?)
* Die Zusammenarbeit mit Partnern (mit wem wollen/müssen wir zusammenarbeiten?)
* Das Benchmarking (wie können wir uns mit anderen Büros vergleichen?)
* Die Unternehmensplanung (welche Planung ist in Zukunft erforderlich?)
* Der Aufbau eines neuen Betätigungsfeldes (wie kommen wir auf neue Geschäftsideen?)
* Chancen und Risiken (welche Entwicklungen könnten uns beeinflussen?)

Fazit: Nicht die Größe entscheidet über den Erfolg, auch nicht so sehr die Schnelligkeit, sondern die Anpassungsfähigkeit!

8.4   Das Qualifizierungsprogramm

Gemeinsam wird ein Qualifizierungsprogramm erarbeitet, das folgende Themen zum Inhalt haben könnte:

1. Bestandsaufnahme
2. Beurteilung der betriebswirtschaftlichen Performance mit Hilfe der Branchenkennzahlen
3. Anpassung von Zielsetzung, Strategie und Organisation (Stärken/Schwächen-Analyse)
4. Controlling (Erlöse, Kosten, Erfolg)
5. Akquisition und Kommunikation (Costumer Relationship Management)
6. Mitarbeitergespräche mit Zielvereinbarungen und Beurteilungskriterien für die Vergütung

7. Entwicklung eines Qualitäts-Management-Systems (QMS)
8. Aktualisierung der Selbstdarstellung (Unternehmensportrait, Projektdokumentation, Internet-Auftritt, Kundeninformationsbrief)
9. Zusammenarbeit mit Partnern (zur Komplettleistung)
10. Inhouse-Workshop mit den Mitarbeitern (wer sind wir, was können wir wohin wollen wir?)
11. Ggfs. Planung der Nachfolge.

Als lebende „Lose-Blatt-Sammlung" wird aus den Ergebnissen ein Betriebswirtschaftshandbuch erstellt, das als Nachschlagewerk für das Büro auf dem neuesten Stand gehalten wird.

8.5   Das Betriebswirtschaftshandbuch

- Kennzahlen
- 3-Jahresbetrachtung rückwärts
- 3-Jahresbetrachtung vorwärts
- Erfolgsfaktoren
- Risikofaktoren
- Know How
- Marktanalyse
- Kundenportfolio
- Abhängigkeiten
- Kundenranking
- Marketing-Konzept
- Verträge
- Partner
- Mitarbeiterqualifikation
- Controllingsystem
- Mitgliedschaften
- Kontakte/Beziehungen
- Wettbewerber
- Businessplan

8.6   Planspiel: Unternehmensportrait(Flyer)

Ein Planungsbüro braucht ein (neues) Unternehmensportrait. Gemeinsam überlegen der Inhaber und die Mitarbeiter die Antworten auf die vom Unternehmensberater dazu gestellten Fragen:

- Wer soll das Portrait erhalten?
- Über was soll es berichten?

- Wie umfangreich soll das Portrait sein?
- Was ist besonders wichtig?
- Wie soll es aussehen (Format, Druck, Farben)?
- Was sollte man vermeiden?
- Sollen auch Bilder verwendet werden?
- Wodurch soll sich das Portrait vom Internet-Auftritt unterscheiden?
- Wer soll als Ansprechpartner genannt werden?
- Wer soll es erstellen?

8.7   Planspiel: Kundeninformationsbrief

Der Inhaber eines Planungsbüros hat bei einem Kammerseminar erfahren, wie nützlich ein Kundeninformationsbrief sein kann und möchte gemeinsam mit seinen Mitarbeitern die Einführung eines solchen Briefes diskutieren:

- Wozu dient dieses Kommunikationsinstrument?
- An wen soll es sich richten?
- Soll die Zustellung auf dem Postweg oder per E-Mail erfolgen?
- Welche Möglichkeiten zur Interaktion bietet der Brief?
- Über welche Themen soll berichtet werden?
- Wer soll den Input liefern?
- Welche externen Informationsquellen können genutzt werden?
- Welche wieder kehrende Rubriken bieten sich an?
- Wie umfangreich soll der Brief sein?
- Wie oft soll der Brief erscheinen?
- Wer kann bei der Gestaltung helfen?
- Wie kann man vermeiden, dass das Interesse daran schon bald wieder erlahmt?

8.8   Planspiel: Aufbau des Netzwerkes

„Beziehungen schaden nur dem, der sie nicht hat." Dieser Ausspruch eines Kollegen hatte den Geschäftsführer eines Planungsbüros beeindruckt. Das möchte er jetzt auch im eigenen Unternehmen umsetzen:

- Wo bekommt man mit wem Kontakt?
- Welche Gelegenheiten ergeben sich dafür?
- Wen trifft man bei Verbandstagungen?
- Welche internen Beziehungen könnten genutzt werden?
- Welche Kontakte können über das Internet geknüpft werden?
- Welche Fähigkeiten braucht ein Netzwerker?
- Wer gehört in das Netzwerk?

- Was sollte man vor der Inanspruchnahme organisiert haben?
- Ist auch der Sportclub eine Basis?
- Kommen auch Messen und Ausstellungen dafür in Frage?
- Welche Möglichkeiten bieten Freunde und Nachbarn?
- Sollte man sich sozial engagieren?
- Wie viel Zeit braucht man für die Beziehungspflege?

8.9   Planspiel: Positionierung eines Planungsbüros

Bei diesem Planspiel haben die Studenten in Konstanz gezeigt, dass sie in der Lage sind, ein für sie neues Thema nicht nur zu verstehen, sondern auch umzusetzen. Wir haben darüber gesprochen, was eine Marketingstrategie ist und wie man dieses Management-instrument für ein Planungsbüro anwenden kann.

Die Aufgabe bestand darin, ein Planungsbüro zu positionieren. Die interessanteste Fest-stellung ergab sich dadurch, dass beide Gruppen den gleichen Ansatz gewählt hatten und auch zu ähnlichen Ergebnissen kamen, ohne dass es eine vorherige Absprache gab.

In beiden Fällen bestand das Ziel darin, sich zu spezialisieren und über den zunächst regionalen Markt hinaus möglichst stark mit dieser Kompetenz zu wachsen. Der Einzugs-bereich war daher von vornherein breit angelegt. Die Kernkompetenz war zum einen die Tragwerksplanung zur Umnutzung und Sanierung von Gebäuden, von der Bestandsauf-nahme über die Materialprüfung bis zur neuen Nutzung. Die zweite Gruppe hatte sich nun wirklich etwas Außergewöhnliches ausgedacht. Ein Standartsystem für den Messebau, das die Gestaltung der Ausstellungsräume der Firmen gleich mit liefert.

Die eine Gruppe hat dabei die Bedeutung der öffentlichen Fördermittel erkannt und kam auf die originelle Idee an Stiftungen für erhaltenswerte Zwecke heranzugehen, um Aufträge zu akquirieren. Die andere will mit ihren Kunden zu internationalen Messen reisen.

Partner schließlich brauchen beide. Die Messespezialisten besonders für die Logistik sowie Freie Mitarbeiter jeweils vor Ort und die Restaurateure in Form von spezialisierten Handwerksbetrieben, die als strategische Allianz auf Dauer eingebunden werden sollen.

8.10   Planspiel: Gründung eines Planungsbüros

Dass die Teilnehmer an der Vorlesung Existenzgründung potentielle Gründer von Pla-nungsbüros sind, haben sie in zwei Gruppen im anschließenden Planspiel „Gründung eines Planungsbüros" bewiesen. Zwei unterschiedliche Ansätze führten zu interessanten Ergebnissen.

Die eine Gruppe ging bei ihren Überlegungen vom gewünschten Ergebnis ihres Unter-nehmens aus: Womit wollen wir Geld verdienen? Die Antwort war: Schlüsselfertige, neue

Wohnerlebnisse gemeinsam mit einem innovativen Investor – Eine tolle Idee. Denn das Kapital für den Bau lieferte in diesem Fall der Investor gleich mit.

Darüber hinaus haben die potentiellen Existenzgründer aber auch an die in Deutschland recht zahlreich vorhandenen Existenzgründerhilfen gedacht und sie wollen einige Mitarbeiter engagieren, die schon Erfahrungen in anderen Büros gemacht haben.

Der Standort war dabei weniger entscheidend, wohl aber die Komplettleistung als Angebot von der Entwurfsplanung bis zur Bauüberwachung einschließlich einer zunächst als Halbtagskraft zu engagierenden Sekretärin für die Kontaktpflege.

Die andere Gruppe geht davon aus, dass eine Neugründung am besten funktioniert, wenn sich diejenigen Partner daran beteiligen, die auch jeweils die Kompetenz für die gewünschte Komplettleistung einbringen: Der Architekt, der Tragwerksplaner und der Bauleiter. Der sonst vorkommende Gegensatz zwischen Architekt und Fachingenieur kommt hier gar nicht erst auf und auch das ist eine für die Branche noch ungewöhnliche Idee.

Die nächste Frage, die die neuen Partner beantworten mussten, bestand darin, mit wie viel Prozent die drei an ihrer Gesellschaft beteiligt sein wollten. Sie haben sich für die Gleichberechtigung entschieden und auch das ist richtig. Denn welcher Bereich danach durch ein größeres Auftragsvolumen mehr gefordert ist, kann durch Mitarbeiter ausgeglichen werden und auch daran haben die Unternehmensgründer gedacht: Wir werden zunächst diesen Bedarf möglichst durch Freie Mitarbeiter decken, die wir nicht fest einstellen müssen und die auch mehr Erfahrungen mitbringen als wir selbst.

Dass eine derartige Partnerschaft am besten in der Rechtsform der GmbH funktioniert, war den Gründern ebenso klar wie die interne Wertschöpfungskette: Der Architekt entwirft, der Tragwerksplaner plant und der Bauleiter überwacht. Als Kunden sollen sowohl öffentliche Auftraggeber als auch Gewerbebetriebe und private Bauherren gewonnen werden und bei den Wohnungen soll sowohl an den sozialen Wohnungsbau als auch an den gehobenen Komfort gedacht werden.

Abbildungsverzeichnis

© Springer Fachmedien Wiesbaden GmbH 2017

D. Goldammer, *Betriebswirtschaft für Architekten und Bauingenieure*,

DOI 10.1007/978-3-658-16462-1

Literatur

[1] Leschke, H.: Rechnungswesen im Planungsunternehmen. Deutscher Consulting Verlag, Essen (1981)
[2] Pfarr, K.H., Koopmann, M., Rüster, D.: Was kosten Planungsleistungen? Springer, Berlin (1989)
[3] Goldammer, D. (Hrsg.): Das Planungsbüro, ein Unternehmerhandbuch, 2. Aufl. Müller, Köln (2002)
[4] Goldammer, D.: Betriebswirtschaft für Planer in Stichworten. Schiele & Schön, Berlin (2008)
[5] Goldammer, D.: Betriebswirtschaftliche Herausforderungen im Planungsbüro. Springer Vieweg, Wiesbaden (2015)
[6] Goldammer, D.: Unternehmensführung mit Kennziffern. Bundesanzeiger Verlag, Köln (2001)
[7] Goldammer, D.: Der Wandel im Planungsbüro. Schiele & Schön, Berlin (2006)
[8] PONS.: Großwörterbuch. Klett-Verlag, Stuttgart (2004)
[9] Goldammer, D.: Organisation der Nachfolge im Planungsbüro. IRB Fraunhofer/Bundesanzeiger, Stuttgart (2011)
[10] Antonoff, R.: Die Identität des Unternehmens, Frankfurter Zeitung, Blick durch die Wirtschaft. Frankfurter Allg. Zeitung, Frankfurt (1987)
[11] Goldammer, D.: Steuerungssysteme für Planungsbüros. Vogel Baumedien Verlag, Berlin (2004)
[12] Voraussicht zahlt sich aus. Sales. Bus. (2008)
[13] Schramm, C.: Was ist angemessen? DIB (2005)
[14] Reimers, G.: Erste Hilfe. DIB (2010)
[15] Rosner, L.: Menschenkenntnis für Führungskräfte. Gabler, Wiesbaden (1996)
[16] Geffroy, K.: Das einzige was stört ist der Kunde. mi-Verlag, Landsberg (1995)
[17] Lucas, M.: Hören, Hinhören, Zuhören. GABAL, Offenbach (1995)
[18] Verweyen, A.: Erfolgreich akquirieren. Gabler, Wiesbaden (2005)
[19] Buchegger, O.: Die Kunst der Klugheit. Gabler, Wiesbaden (1997)
[20] Mailings, die ankommen. Markt und Mittelstand. 12 (1), (2011)
[21] Schuler H.: Kundenservice am Telefon. GABAL, Offenbach (1995)
[22] Wirtschaftswoche. Nr. 1/2, 10.1.2011
[23] managerSeminare, Heft 154 (2011)
[24] Polzin, B., Weigl, H.: Führung, Kommunikation und Teamentwicklung im Bauwesen. Vieweg+Teubner, Wiesbaden (2009)
[25] Wagner, M.: Wiedersehen macht Freude. managerSeminare, Heft 160 (2011)
[26] Carnegie, D.: Wie man Freunde gewinnt. Fischer Taschenbuch Verlag, Frankfurt (2008)
[27] Reimann, S.: Harmonie als Hemmschuh. managerSeminare, Heft 160 (2011)
[28] Opaschewski, H.W.: Der Beschäftigte wird zum Bürger. managerSeminare, Heft 154 (2011)

© Springer Fachmedien Wiesbaden GmbH 2017
D. Goldammer, *Betriebswirtschaft für Architekten und Bauingenieure*,
DOI 10.1007/978-3-658-16462-1

[29] Burkhardt, K., Schrader, K.: So individuell wie der Mensch selbst, Megatrends fürs Wohnen. greenbuilding (2010)

[30] Rester, C.: Gute Gründe für die Zertifizierung. greenbuilding (2010)

[31] Pricewaterhouse Coopers. impulsewissen, Sommer (2011)

[32] Ein Check für die Zukunft. ProFirma (2008)

[33] Gillies, C.: Der gläserne Betrieb. managerSeminare, Heft 161 (2011)

[34] Goldammer, D.: Wirtschaftlichkeit im Planungsbüro. Vogel Baumedien Verlag, Berlin (2003)

Sachverzeichnis

A

ABC-Analyse, 66, 84, 117
Abhängigkeit, 122
AG, kleine, 24
AIDA, 84
Akquisition, 27, 61, 73–74, 81, 134
Allgemeinzeit, betriebsbedingte, 34, 42, 57
Allianz, 3
Allianz, strategische, 22, 117, 138
Altersversorgung, 104
    betriebliche, 102, 113
Altersvorsorge, 104
    betriebliche (bAV), 105
Änderungswunsch, 33
Anforderungsprofil, 95, 101, 108
Ansprechbarkeit, 13, 29, 86, 118
Ansprechpartner, 15, 29, 54, 63, 76
Anspruchsdenken, 5
Arbeitsbedingung, 105
Arbeitsklima, 108
Arbeitskostenquote, 50
Arbeitsmarkt, 89
Arbeitsplatz, Attraktivität, 90
Arbeitsproduktivität, 47, 57, 113
Arbeitsverhältnis, 90, 105
Arbeitsvertrag, 105
Arbeitszeit, 35–36, 103
    flexible, 42
Auftraggeber, 4, 8
Auftragsbestand, 26, 37, 50
Auftragserfolg, 51
Auftragspotential, 68
Außenstelle, 36, 45, 125

Ausfallzeit, sozialbedingte, 34, 42
Auslaufkunde, 68
Ausrüstung, technische, 2, 22, 48, 135

B

Balanced Scorecard, 115
Bankberater, 17
Bau, 2–3
Bauen, 43, 115, 125
    lebenszyklusorientiertes, 5, 116
Baugrunduntersuchung, 72
Bauleiter, 29, 96–97
Baulücke, 9
Beiratsmitglieder, 78
Bekanntheitsgrad, 10
Benchmarking, 34, 43, 55
Beratungsunternehmen, mehrfunktionales, 5
Berufung, 7
Beschwerdemanagement, 86
Best Case, 123
Bestand, 26, 37, 43
Beteiligung, kapitalmäßige, 92, 113
Betriebsgröße, 2
Betriebsklima, 48, 99, 107
    kollegiales, 90
Betriebskostenvergleich, 21, 33, 38, 55, 58,
    102
Betriebswirtschaftshandbuch, 136
Bewerber, 70, 89, 96, 98
Bewerbungsbrief, 76, 81
Bewerbungsgespräch, 93, 96, 101
Beziehung, 10, 13, 52
Beziehungspflege, 78

D. Goldammer, *Betriebswirtschaft für Architekten und Bauingenieure*,
DOI 10.1007/978-3-658-16462-1

Printed in the United States
By Bookmasters